洗手间

现代风格设计

（英）詹妮弗·哈德森 著

華中科技大學出版社
http://www.hustpas.com

图书在版编目（CIP）数据

洗手间／（英）哈德森 著.
－武汉：华中科技大学出版社，2010.6
ISBN 978-7-5609-6061-6

I.洗… II.哈… III.洗手间－室内装修－建筑设计－图集 IV.TU767-64

中国版本图书馆CIP数据核字（2010）第054036号

洗手间 （英）詹妮弗·哈德森 著

出版发行：华中科技大学出版社（中国·武汉）
地　　址：武汉市珞喻路1037号（邮编：430074）
出 版 人：阮海洪
责任编辑：张　蕊
责任监印：马　琳
印　　刷：天津市豪迈印务有限公司
开　　本：787mm×1092mm 1/12
印　　张：16
字　　数：96千字
版　　次：2010年6月第1版
印　　次：2010年6月第1次印刷
书　　号：ISBN 978-7-5609-6061-6/TU·790
定　　价：198.00元（US$50.00）

销售电话：010-64155566（兼传真），022-60266199（兼传真）
邮购电话：010-64155588-8825
网　　址：www.hustpas.com

（本书若有印装质量问题，请向出版社发行科调换）

致辞
一二三四五，
活捉一条鱼；
六七八九十，
我又放走鱼。

谨以此书献给我亲爱的渔夫。

此书目录资料详见大英图书馆。

设计者：约翰·朗德

目录

简介

如同性、疾病与死亡，上洗手间素来被认定为禁忌的话题。多数人避讳谈论自身的身体机能，然而我们每天都要花时间上洗手间，因此我们人生中至少有1年是在洗手间里度过的。洗手间常用“房屋里的小间”指代，相应的上洗手间亦有诸多委婉表达，例如：“spend a penny”，“have a tinkle”或“send a fax to Darmstadt”。为了掩饰暂时离开去上洗手间以免尴尬，我们极少直接提及“toilet”，取而代之的是不计其数委婉的用词（例如：“bathroom/ restroom/ powder room/ can/ john/ privy/ bog”），事实上那是人人的“必修课”。

“toilet”一词可指卫浴或是洗手间。固然后者在英国及英联邦占主流地位，然而在北美洲仅意指卫浴产品，而非洗手间。在美国，询问洗手间位置时使用“toilet”一词有欠得体，于是人们常选用委婉达意的词（例如：bathroom/restroom/washroom）。但是无论你置身何处，洗手间都备受认同为大众设施，因为社会各界的人们都离不开它。波兰有一句谚语，有道是“此处是连皇帝都得亲力亲为的地方”，德意志帝国也有异曲同工的说法。在英国却非如此，“toilet”一词的使用蕴含着一定的阶级色彩。著名小说家南希·米特福德的作品主要以英国及法国贵族的生活为核心，她于1954年一举使上层社会及非阶级分化的语言与行为广为流行。诸多非阶级化词汇可上溯至维多利亚时期，那时多为下层社会人们使用以显儒雅。其中包含源自法语的词，例如：“toilet”源自法语的“toilette”一词，法语中意指准备就绪、洗涤或穿衣。随后，上层社会人们便以甚似暴发户的矫揉造作为由规避使用此词。无论以何词表示（toilet/ loo / bathroom），洗手间不仅是我们日常生活中不可或缺的一部分，也是人类卫生及文明的历史里程碑。

自从人类建造城市开始，各种形式的洗手间便应运而生，多年来影响着文化风俗及社会认知偏见。公元2000年，在克里特岛的米诺斯王宫殿考古遗物中惊现抽水马桶。然后，在奥克尼群岛挖掘出4800年前的洗手间。淋浴与排泄数千年如一日地依然被列为公共活动。以公共浴场与洗手间闻名的罗马人，有一经典格言“为人们服务”，他们的公共洗手间能容纳多达80人。相邻的间隔距离不过50~60厘米（20~24英寸），意味着这些通风良好的房间是社交互动的场所。不需要为精致的大理石座位和马赛克付费，就能使这日常活动显得意气相投。环境卫生可能已经随着罗马帝国瓦解，但依旧不存在与排泄相关的社会禁忌。中世纪时候处处臭味远飘：人们在公共场合、垃圾坑或是户外洗手间排便。夜壶被直接清理到大街上，因此寄生虫、疾病及流行病接踵而至。14世纪黑死病最严重的时期，夺走了1/3~2/3欧洲人的生命，只有修道院幸免于难，因其及时通过水流冲洗污物。

真正意义上的改变源于18世纪，启蒙运动的思想先驱倡导日常生活中科技进步（此运动提倡以理性作为权力核心）。1589年，约翰·哈灵顿发明了世界上第一个抽水卫浴。但是直到1775年，亚历山大·卡明斯发明了底排水卫浴，抽水卫浴的各个组成部分才一应俱全地展现在世人面前。

随着此系统的出现，文明的发展使人们和排泄物分离。19世纪，欧洲及美国主要城市的排污系统发展成了精密器械，适时处理人体垃圾，为当时霍乱频频爆发提供了有效防范措施，并作为社会秩序井然的象征。维多利亚时期是矛盾多发的时代，大量号召提高公众道德的运动与允许艰苦环境的阶级体系共存。人们开始更加关注卫生，不仅是为了防范疾病，也为了缓和急速兴起的中产阶级对下层社会人有欠整洁的厌恶感。维多利亚中产阶级的道德观念，其影响大大跨越了英国的边界及其殖民地。此观念支持性压抑与强烈的社会伦理观，并声明“去洗手间”在文明礼貌社会氛围中是不可提及的，应是在大门紧闭的情况下完成。排泄物是不可见、无味且匿名的，并且应被尽可能小心翼翼地清理到下水道中。曾经应像染发似的令人没有任何羞涩之感的活动，如今却令人尴尬厌恶不已。洗手间也随之演变成为向公众显示精致和优越感的有力标志及私人城堡。我们对自然需求的心理镇压可追溯至此时，谈论性和与性器官相关的机体功能是完全不准许的。

维多利亚女王逝世后的几年间，使英国及全世界的社会经济与文化条件有了主要的转变。随着社会阶级性渐渐消退，人们趋于更

1

2

3

4

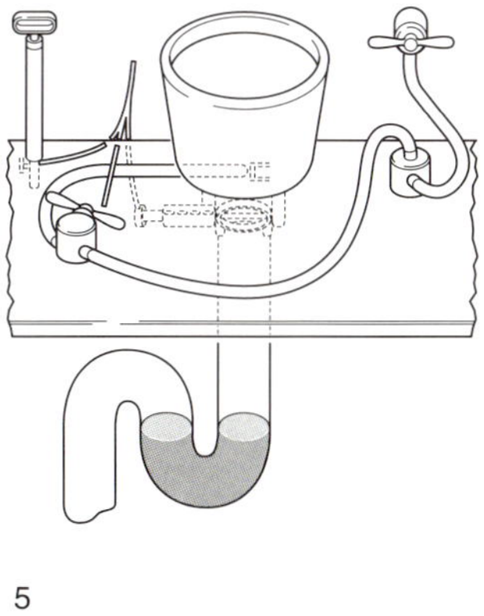

5

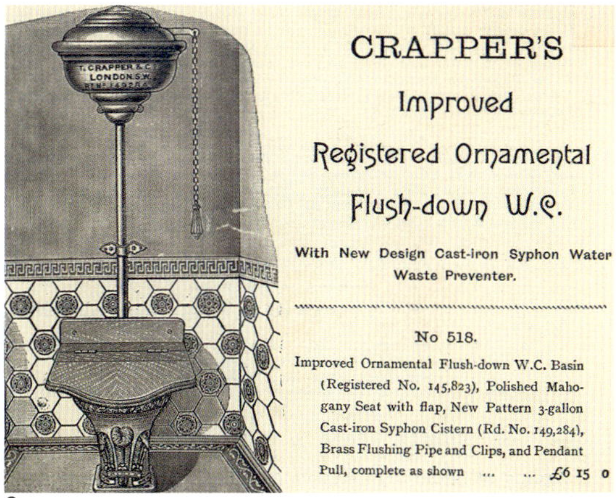

6

7

1　罗马公用洗手间坐落于西西里梅里纳的农庄别墅。公元4世纪的公厕通常位于离商业中心区较近的地方。公共洗手间可容纳多达80人，人们相邻距离不过50—60厘米（20—24英寸），内设长时间供给的流水来冲刷人体的排泄物。公共洗手间装潢华丽，配备奢华的马赛克及喷泉，成了人们阅览书刊及互诉衷肠的绝佳场所。

2　中古时期的石筑洗手间坐落于法国布列塔尼阿望桥。在中古时期，上洗手间仍然是不受任何约束的，但是缺乏对古代文明的社会性影响。人们用夜壶，或在早期搭建于楼房顶层的矮木房里上洗手间，于此人体排泄物皆是直接排入大街小巷。石筑洗手间成了城堡及桥梁的可选配套设施，污物则顺理成章的排放于其下的壕沟或河流中。

3　1589年，英国的约翰·哈灵顿为伊丽莎白一世教母发明了第一个抽水马桶，命名为阿贾克斯。在那个时期，这样的理念显然是贻笑大方的。此项发明成功与系统排水系统息息相关。此装置配备水箱，皮革制面阀门及木制座位，底部设有开口。其工作原理在于：杠杆和压铁作用于水，进而开启阀门冲去污物。

4　路易十四的著名卫浴建于1700年。路易十四的晨厕及接待会成了欧洲诸侯王子们中的典范。他上洗手间时间长达1小时，诸多贵族子弟对此等奢华享受早已是垂涎三尺。专门的仆人适时用羊毛及丝绸清理洗手间，以达到更为舒适的效果。即使是用餐与商讨国事，路易十四也在众目睽睽之下坐在马桶上一并行事。

5　1775年，亚历山大·卡明斯注册了第一个荣获专利的卫浴，“S”标识也出自他之手。至此，开创了人们彻底与自身排泄物完全分离的历史先河。

6　汤马斯·克拉普虽然不是卫浴的发明者，却是在卫浴的发展史中首屈一指的人物。1861至1904年之间，他注册了9个专利，并普及了陶瓷卫浴的使用。由于独具恰似餐具般的奢华样式，卫浴位居奢侈品之列。

7　19世纪伟大的工程师约瑟夫·巴泽尔杰特独具匠心地缔造了维多利亚的下水道。它建于1858年，长达132千米（82英里），源自泰晤士河的臭气迫使国会向上迁移。此下水道的建成不仅为防御疾病提供了保障，也是秩序井然的健康社会环境的标志。

加平等互相依赖。羞愧与尴尬的社会定义渐渐消退，取而代之的是更为内在潜意识化的感觉，主要体现在对自身身体机能的自主厌恶感，常伴随着孩提时代伊始便熟知的抽象意义上的道德卫生观念。

在这个时期，西格蒙德·弗洛伊德意指发展初期，人类欲望主要体现在膀胱与肠胃活动的层面上。孩子们必须学着掌握好自身的生理需求，若能如鱼得水地处理好，就认为是成功及独立的标志；若处理不当，就可能导致神经衰弱。

在洗手间大门紧闭后上演的“情节”伴随着与生俱来的隐私性，卫浴被比作容纳我们“不干净的欲望”的载体。以上事实决定了：这小小的房间注定在我们的情感及生理需要中占据举足轻重的地位。在这里，我们卸下多余的幻想及文明的装备，面对最为纯粹的自己。洗手间让我们难以启齿的行为以最卫生洁净的形式完成。洁净的陶瓷卫浴，高度消毒与设计优雅的环境使我们陶醉得难以自拔，甚至忘记了我们置身此处的初衷何在。

然而，这一禁忌也有着光怪陆离及乖张的吸引力，因此处理的最佳方式莫过于幽默。此过程不知不觉之间的发生，甚至是你的校园生活伊始，随后成为进入成年期人们感知心理距离的有效方式。（通常，我们和他人共用洗手间时，使用禁止的词汇以身体部位为话题开玩笑，幽默的成分掩盖了内心莫名的尴尬。）数千年以来，这使洗手间的围墙从昔日的罗马广场迁移到今日的酒吧俱乐部，唤起了人类对厌恶和低级趣味的愉悦的反应。当代文化充斥着洗手间幽默，魅力十足的蛊惑着未满7岁的孩子以及青春期后期的人们。我们可能希望自己上洗手间是不为人知的秘密，但却无时无刻借题发挥地开玩笑。

由于远离窥探的目光，公共洗手间是良好的情绪缓冲地。在这里，人们可以逃离同事间的压力、同学的困扰以及就坐于社交宴席中的不适感。令人倍感亲近的秉性让人们能在社会和性别层面上无拘无束地自我表达。例如，涂鸦并不都是风趣幽默的，在这私人的空间范围内，它一针见血地向世人揭示了社会问题及发展趋势，在人群中激起共鸣，进而意识到现实的争议性话题。近期对一所美国西岸的女子大学洗手间里的涂鸦进行的调查，深入浅出地揭示了：除了性、人际关系以及毒品，包括政治、宗教和求救信息在内的话题都占据了学生们茶余饭后话题的较大比例。在家中远离家长注视目光的洗手间里，作为孩童和少年的我们第一次认识自己的身体。然而长久以来，公共洗手间都被认为是与“地下情”联系紧密的场所，尤其对于那些徘徊在剧场前座期待“一夜情艳遇”或是窥视拥吻的同性恋人群而言。卫浴只是不起眼的设施，但是它和洗手间却构成了因国度有别造成迥异的社会小世界。与世俗令人厌恶的排泄物相关的负面评论在一些文化理念里是站不住脚跟的，因为那些文化认为人类躯体及排泄物与精神文化及社会价值观是相辅相成的。在前西班牙时期，排泄被认为是有强大作用却令人尴尬的，人们排便的情景也演变成了宗教意象。日本的传统文化认为洗手间是沉思和放松的理想处所。1933年，谷崎润一郎在文章《阴影颂》中阐述了日本文化的结构与意象、建筑设计、阴影在精神和物质层面上对日本文化根深蒂固的影响。他写道：“客厅的雅致无可厚非，但是日本的洗手间是真正意义上精神休憩皈依处。它通常远离主要建筑，处于走廊尽头或是郁郁葱葱的小树林中。一个人在昏暗的光线中，沐浴在从障子反射出的微阳里，畅然地沉浸于思绪的海洋或是欣赏着花园，如此静谧的环境之中甚至可以听见蚊子的嗡嗡声。”

中国人对肢体功能并无疑虑不安的感觉。在公共场合吐痰与擤鼻涕并无伤大雅。直到近期， 拥有2008年奥运会承办权的中国开始着手实施重建工程，为国际友人的莅临大张旗鼓地筹备。然而，那里的公共洗手间顾名思义的公众化，通常有一条公用的水槽， 人们顺势挨个紧靠并蹲着。就是这样的洗手间贯穿了陈果的2002年艺术片《人民公厕》。这部影片讲述了发生在洗手间里4个联系松散的故事，其中甚至有刻画得入木三分的排便画面。

欧美文化对此的态度也不尽统一。在美国，人们尊崇释放自然的需求，但是美国人抗拒便后清洁的附属设施。然而，法国与日本的洗手间通常配备便后清洁消毒的功能，却依然匮乏吸引力。在德国、荷兰以及东欧国家的洗手间通常配备一个带架子的盘子，用作排泄物冲洗前的停放处。此发明实用性强且卫生可靠，虽然此过

8

9

10

11

12

13

8 洗手间涂鸦艺术是内墙上的印记，其形式大致有艺术、图画及文字。内容时常是以排泄物为主的，旨在使公众对机体功能的禁忌话题有所了解。

9 洗手间涂鸦揭露了争议性强的社会问题。近期在美国西岸的女洗手间里进行涂鸦调查，揭示了除了幽默、性及毒品外，还经常涉及政治、宗教以及求救信息。

10 威尔·罗杰斯陵园洗手间位于加利福利亚的贝弗利希尔斯。1998年，机密洛杉矶警察马塞洛·罗德里格斯以涉嫌淫亵行为为由逮捕了乔治·迈克尔。他是同性恋的身份也在被逮捕后成了人尽皆知的新闻，沸沸扬扬了多年的他性取向之谜也随着迎刃而解。他声称自己仍为单身并公布了录像，调侃罗德里格斯。这是对同性恋者在洗手间肌肤相亲恰如其分的讽刺。

11 美国电视连续剧《甜心俏佳人》主角卡莉斯塔·弗洛克哈特饰演一名年轻的律师。电视剧以主角们浪漫的私人生活为核心内容。为数不少的剧集都以男女通用的洗手间为背景，上演闲言碎语聊天与载歌载舞的剧情，同时也普及了办公室共用设施的思想观念。

12—13 2003年，建筑艺术大师莫妮卡·邦维奇妮造就了一个实用的公共洗手间，落成于泰特英国美术馆背面建筑工地上单向可视的玻璃房里。其与众不同之处在于：洗手间里的人可以看到外面，而路人却不能看到里面。此项发明给窥阴癖者以奋力一击，进而保护了人们的隐私。在泰特英国美术馆工作的杰夫·布罗登说道：“无奈只能坐在街角，满脑子胡思乱想人体机能，这是如此的异乎寻常的经历。”

14 （次页）英国艺术家马特·科里肖为图像对观众高度影响深深吸引，他因惟妙惟肖的雕塑而闻名于世。公共洗手间里随处可见婴儿在昏暗的光线下沐浴的雕塑，其目的在于防止瘾君子们注射毒品。

15 （次页）洗手间令人倍感尴尬，却与“震惊”一词毫无关系。如果一个艺术家在成功的用自己的作品让世人震惊浑然天成的佳作，他就能将观众的思想从排泄物引导到作品意指的层面上，那么人们便能在不知不觉中淡忘了尴尬的存在。这在马歇尔·杜查普成名作《喷泉》中得到了淋漓尽致的展示，其艺术的轴心由肉体升华至心灵互动的高度。

程中产生的异味映衬对比突出了抽水马桶的绝对优势，可它能让人们及时发现自己身体健康状况如何。但是美国人和英国人却是带着害怕与厌恶的眼光看待这项发明的。1973年，美国作家艾瑞卡·琼在小说《怕飞》中振振有词地写道："我不喜欢德国人无时无刻的惦念着那该死的胃，以及时常挂在嘴边的'祝你健康'；不喜欢他们如痴如醉的洁癖幻想症；不喜欢他们矫揉造作的建筑外观，借以在外国人面前咄咄逼人的显摆其健康卫生形象；但是只要你进入他们的洗手间，就会发现卫浴与众不同。它通常配备精致小巧的陶瓷盘，用于排泄物流水冲走前做短暂的停留。"

无论是公用还是私人的洗手间设计都有了既定的模式，至少在本国的范围内是不可能淘汰这种令人不快的规定的。

我们使用排风扇和空气清新剂清除异味，用流水的声音掩盖令人不悦的杂声，用精巧编制的纸筒放置气味清香且整齐折叠的卫生纸。设计一流的洗脸池和浴缸出自享有盛名的国际建筑设计师之手，其中包括凯瑞姆·瑞席、洛斯·拉古路夫、菲利普·斯塔克、马克·森、让·努维尔、史帝法诺·吉欧凡诺尼、马塞尔·万德斯和杰森珀·莫瑞森。这些建筑大师都效力于主导的洗手间用品品牌，包括艾烈希、理想标准、维特拉等，不一而足。

从社会范畴观之，洗手间在公共场所中是最不可或缺的有机组成部分，但是近来却总被人低估效能。人们将其视为不可避免的邪恶，而不是美好的事物。数十年以来，这些区域早已为建筑师以及业主视而不见地抛之脑后。洗手间设计参照了诸多设计指南，从健康、安全、隐私以及空间分配多个角度出发，对设计精良的洗手间的组成元素进行详尽的说明。但是，此类洗手间往往缺乏创新的成分，只是一味地墨守成规。虽拥有较好的效能，但其本质已经与美观的要求背道而驰。在20世纪80年代，精明的企业家门纷纷将设计行业定位为商业增值与击败竞争对手脱颖而出的绝佳筹码。

如若洗手间能达到干净整洁、设计精良、创新突破的标准，它将成为有力的商业武器。通过吸引顾客光临公共场所，从而增加营业利润。如今，得益于人们对生活方式与设计日益升温普及的兴趣，昔日资金不足或是几乎被忽视的公共设施行业崭露头角，甚至是人们例行公事的生活琐事也可能有翻天覆地的革新浪潮。此书中洗手间的样例皆是精心设计，并有着雄厚资金作支持，旨在以内部观念统筹为业主提供综合精良的设计方案。

办公室的洗手间正成为卖点，洁净有效已远远不能满足人们的需求。作为行之有效的营销工具，洗手间应提升公司的品味，并为雇员、客户以及访客们提供难以忘怀的享受。男女通用的洗手间是美国首创，并因为《甜心俏佳人》的热播而得以普及，现在已如同21世纪办公室不可或缺的部分似的无所不在，为员工交流提供广阔平台。在如今的公共场地和街道上，公用洗手间已变得更加宽敞，使人们伴随着清香远离喧嚣的人潮。然而，在酒吧和餐馆里，狭小的洗手间更为盛行。采用奢华的材料、精美的墙面、典雅的内部装修和装置特效，凭借过硬的质量指标而倍受青睐。餐馆经营商已清楚地意识到：洗手间不只是单纯洗手间的概念，也应为顾客提供集合公共和私人为一体的放松空间。实际上，男女通用洗手间是异性相互交流、聊天、补妆的绝妙场所，并且有利于增进彼此的了解。

此禁忌涉及何时、何地、何人、如何上洗手间等诸多方面，亦是世界各地的设计师们都在挑战的目标。设计师们终日小心翼翼地周旋着，主要涉及顾客对隐私的要求与坦然面对情感、智商而产生心理不适之间的问题。书中展示了45个洗手间的样例，证明装备不全与肮脏的环境已然成为历史。洗手间给人们带来的已不仅仅局限于生理快感，时常也相伴着令人惊喜不已的娱乐成分。

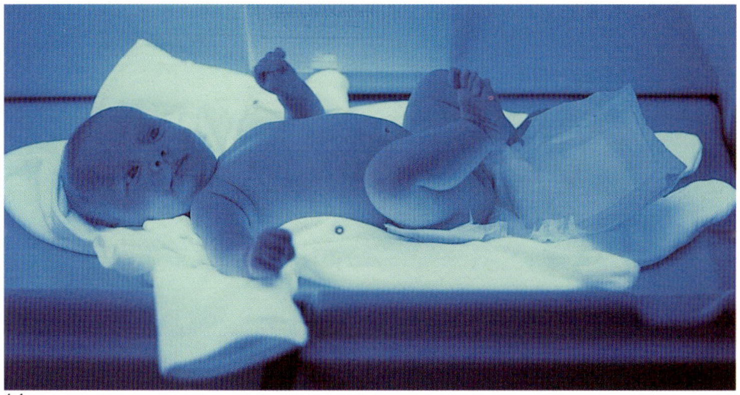

14

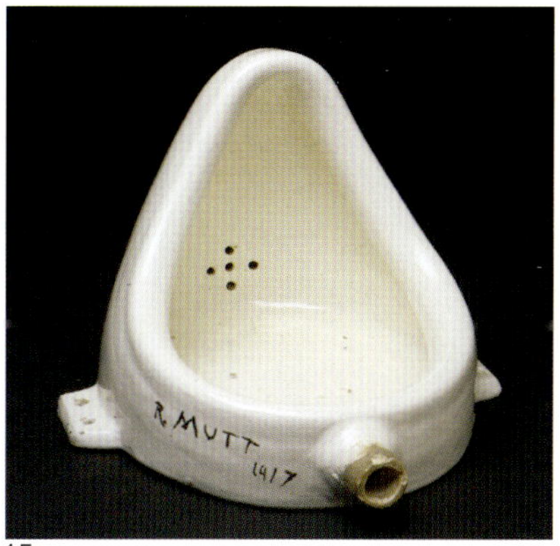

15

16

17

18

19

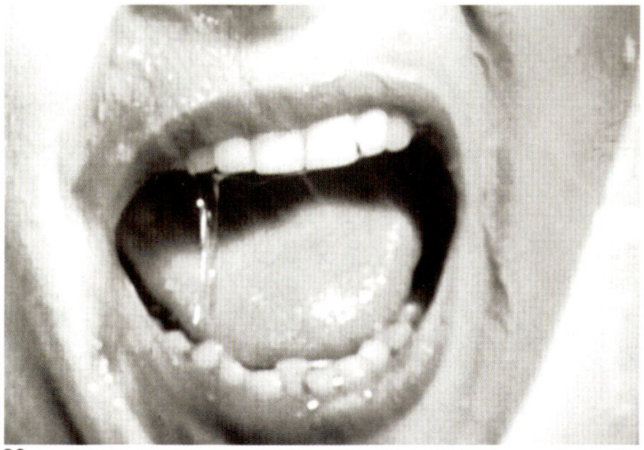

20

21

16 前卫派摇滚明星弗兰克·扎帕（1940—1994年）影响了几代人。这不仅归功于其激情遍野且不拘一格的音乐，也由于他坚持与伪善、审查制度、社会偏见作战的精神魅力。在20世纪60年代和70年代，扎帕和他的乐队“革新之母”犀利地批判社会问题，在美国引起一阵狂热。他的一些反正统派的歌词也成了洗手间幽默中频频出没的话题，成千上万的铁杆歌迷更是收集了20世纪60年代的海报，画面上的他赤裸裸地坐在马桶上。

17 1974年上映的《自由的幻影》是路易·布努艾尔最梦幻的电影，由一系列批判中产阶级观念的剧情组合而成。最著名的场景在影片的开始部分，描绘了餐宴中人们围着桌子坐在马桶上，随后却推到小房间里用餐。

18 “英国帮”艺术的特色在于其备受争议的话题，即排泄与性的实质。1998年，莎拉·卢卡斯推出了9个彩色聚氨酯马桶，以此向雷切尔·怀特瑞德致以崇高的敬意。卢卡斯说：“我喜欢卫浴的形状，每个人都离不开它。人们试着对它视而不见，那是很英勇的行为。”

19 1996年，丹尼·博伊尔的电影《迷幻列车》揭露了吸食海洛因的瘾君子们的生活，阐明了反毒的立场，是令人咂舌的写照。在“苏格兰最差的洗手间”场景中，由伊万·麦格雷戈饰演的伦顿否认吸毒并想要戒毒，但接着他进入一个肮脏的洗手间释放最后一次毒瘾，服下了两瓶毒品栓剂。影片淋漓尽致地展示了瘾君子如何弥足深陷与无法自拔，博伊尔形象所传递的反毒信息比里根时代任何的拒绝毒品的广告都更奏效。

20 1960年的《惊魂记》首次把洗手间搬上荧屏，颠覆了美国电影史上关于洗手间禁忌的历史。阿尔弗雷德·希区柯克与片厂体制周旋，最终保留了珍妮特·利往卫浴里扔卫生纸的镜头。她还说道：“在这里，你会明白人类的林林种种。首先我们会让你见识下洗手间，然后情况只会更糟。”（编剧家：约瑟夫·史黛普潮）

21 自发产生的事物、肮脏的东西以及禁忌的话题都令颓废派深深迷恋。具体而言，禁忌话题可细化为洗手间幽默与生理机能。这些问题都令人触目惊心，对20世纪70年代的中产阶级道德价值观可谓是致命一击。粪便学的专业术语也被收入辞典，成为辞典中的一部分。虽然洗手间并没有可以立刻识别的商标、音乐或是标语，但存在一些例如顶点污物处理公司之类的间接暗示。1976年正值颓废派摇滚的时期，有一个夜壶生产商的名字叫亚当，斯图亚特·莱斯利·戈达德据此易名为亚当·恩特。

01

户外公共洗手间

WC1
Marchhare
英国伦敦

本页图

伦敦1区的外视图。这是第一家女士专用精品化妆间，位于伦敦最繁华的购物街，直面举世闻名的塞尔福里奇百货公司（Selfridges）。灯火辉煌的外观预示了其极尽奢华的内部。

右页上图

化妆室的的审美很"娘娘腔"：大面积的白色点缀着一点赏心悦目的粉红。淡色的意大利瓷砖地板、来自CTO灯具的绸缎般/珍珠色吊灯更为其增添了不少魅力。

右页下图

Marchhare，业务开发者兼设计师，认为虽然洗手间的设计已成熟，其维护及服务却还未得到解决。WC1同时还销售一系列的"Rescue"产品，为疲倦的顾客提供快速美容。WC1的使用价格根据服务水平而变化，即从基本的设施利用到妆容修饰再到更彻底的化妆。

WC1给了短语"上洗手间"全新的意义。为获得使用这一豪华公厕的特权，女性顾客们得往盘子里投入若干英镑。

WC1，这一位于牛津大街439–441的公厕，代表着进入一家集水疗、商店于一体的洗手间的机会。时间将证明，这条街上的女性到底是选择一家在这繁忙的伦敦中心区可见的普通洗手间，还是选择花费一定数量的金钱在WC1购买一周的润肤露。

19个宽敞的小房间（每次使用后均会清洗，每分钟换气五次以保持空气清新），以及一个宽敞的公共区域，配有沙发、一系列芬芳的美容产品以及舒缓压力的沙发音乐，对疲惫的路人而言简直是无法抗拒的诱惑。然而，这就够诱人了么？WC1并非坐落于最新的夜总会，在那里，女人们挤进洗手间交换最新的八封消息。它处于伦敦最繁忙的购物街的正中间，行人们很少停下片刻放下手中沉重的行李。

然而，WC1豪华洗手间是洗手间发展趋势的一部分。POINTWC（见34页）最近在巴黎开始使用，它虽廉价却绝对时髦，加上Charmin在纽约时代广场的品牌经验，WC1尽管廉价但卫生状况并不脏。在这个六星级酒店即将挑起餐旅业的大梁，那些超级富翁们也已做好准备为可俯视海德公园的公寓支付84，000，000英镑（116，200，000美元）。也许WC1已经清楚地了解了这一点，因而很自信普通的

WC.1

女性顾客也将情愿为这一老式化妆室的魅力掏腰包。

WC1提供吹风机、直发板、化妆品以及足够宽敞的使用隔间。环形的“沙龙”为卵石墙、石材地板装饰，长期供应鲜花，宽敞明亮，并安有美化肤色的水晶吊灯。服务员们就在附近提供WC1的一系列“Rescue”产品，从袜子到针线包应有尽有，此外，只要支付额外费用，顾客们就可以预订颈部和肩膀按摩。

WC1是一系列精品女士专用洗手间里的第一个。加上计划中的其余九个，看看这数百万的价格标签能否自圆其说，将会很有趣。广告宣称其为维多利亚化妆室的复兴，但21世纪的妇女所享有的时间或许不再如19世纪的妇女们那样充裕，这是值得考虑的。

本页图

轴测图显示了WC1的布局。为了最大限度地利用372平方米（4000平方英尺）的小空间，化妆室和小房间都设计成了环形平面。

右页上图

Marchhare将洗手间的设计视为建造一个小型的20间卧室的酒店。每个小房间独立拥有Vitra卫生洁具及室内照明。

右页左下图

室内并未安装镜子，其目的是鼓励妇女使用化妆间。为避免排队，工作人员可通过电子编号系统控制客流量。

右页右下图

小房间位于中央大堂外。每天更换的鲜花以及熏香蜡烛烘托了其豪华的氛围。

荷塘
渡边明与池田正广
日本东京

本页图

该建筑面对护城河开放。非结构木墙的板条性质可实现自然通风。

右页图

在室内可看到Hasuikebori护城河。通过使用大型落地窗和开放式的板条墙，房间的亮度和透明度得以保证。水龙头装有红外线感应器以控制用水量。

Hasuikebori意为"荷塘"，这片小而富有新意的建筑紧邻花团锦簇的护城河，这条护城河将常年不对广大市民开放的皇宫同东京居民逃避大都市忙乱生活的好去处东花园隔离开来。

宫殿坐落于东京中心，从中央火车站走几步就到，这片土地曾一度被江户城占据，为17到19世纪统治日本的德川幕府的所在地。Hasuikebori池塘是原护城河之一，同巨大的城墙一道将外围的防御工事同帝王住宅划分开来。

渡边和池田为洗手间所作的设计考虑了该地的特殊景观，以在市中心保留自然味道。"我首先注意的是区域设置"渡边说，"考虑到Hasuikebori和整个护城河随处可见的石材防御墙，我要避免建造一栋有碍观瞻的建筑。"

建筑师最初的想法是建造一个伞形建筑，由一根支柱支撑一个纺织屋顶，这样一来空气可通过透明结构自由流通。在维持原来概念的前提下，考虑到界定皇宫范围的巨大的石界碑，将其转化为一个更具稳定感的设计。通过征求航运界的意见，建筑师们构想出一种将柔韧而轻盈的铝屋顶焊接成钢结构的办法。通过采用一种被称为"爆炸焊接"的很少用于建造业的技术，渡边和池田采用了一种方法，仅用一根柱子支撑

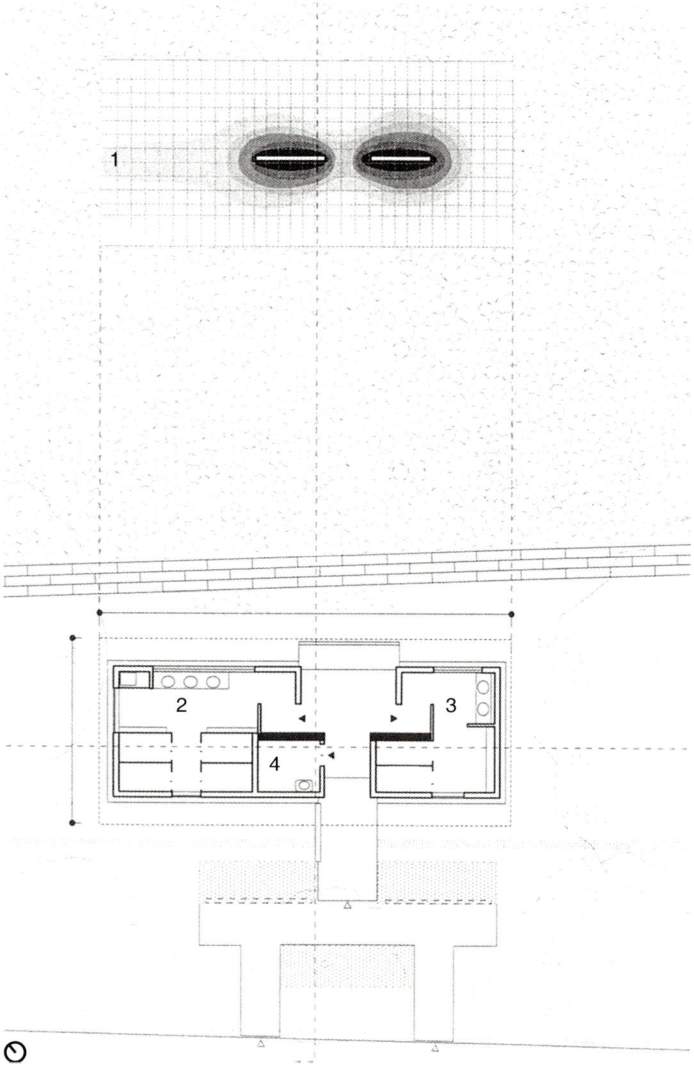
1
2
3
4

本页图

室内融合了波浪形铝屋顶及小房间隔墙的冷感和划分男女空间的木板的暖感。

左页左图

平面图。男女空间有明确界定。然而，共用的入口处可看到城堡历史悠久的石墙及荷花池，顾客们可共享这美妙的体验。

1 护城河
2 女洗手间
3 男洗手间
4 残疾人洗手间

左页右图

越过Hasuikebori护城河看洗手间，可见它安静地依偎在周遭的环境中。

整个结构，而墙壁只作为非承重支撑元素。该建筑偏离了花团锦簇的护城河，给人一种面对Hasuikebori“开放”的印象，加强了设计的轻盈感和流动性。意外收获是，用于焊接铝的螺栓的可见性给了这一结构一种“手工作品”的感觉，混合了高低科技的美学。

室内融合了小房间隔墙及铝屋顶的冷感和板条木墙的暖感。向上照射的灯将灯光反射到三维拱腹，使室内弥漫着一种柔软的环境光。所有的固定装置及设备均为Toto制造，包括日式蹲用马桶，自动清洗小便器和模仿流水声的用于避免尴尬的声音设备。

建筑师们已开发了新的方法，用于在“社会”背景下探索铝的表现潜力。

“我们希望这个建筑可开创先例，”池田总结道。

Aire de Merle、Grans与Saint-Martin-de-Crau高速公路

Béguin与Macchini

法国南部

本页图

Aire de Merle公厕的夜间拍摄。局部外观使用了石材，而内部则用了形成对比的白色瓷砖。微冷色调的泛光灯照亮了白色的半透明伞形顶棚，该顶棚用于收集雨水兼辅助建筑物的自然通风。

右页上图

Aire de Merle洗手间的截面显示了隐藏于可拉伸布壁背后的钢架，向下形成一个安放洗手间技术设备的中部核心。

右页下图

平面图说明了洗手间的环形覆盖区。进口位于中央，男士设施位于左边而女士设施位于右边。

1 入口
2 男洗手间
3 女洗手间

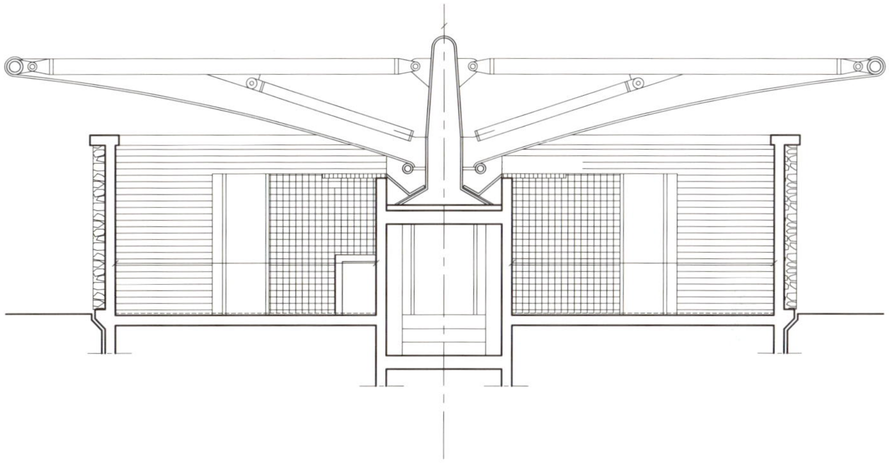

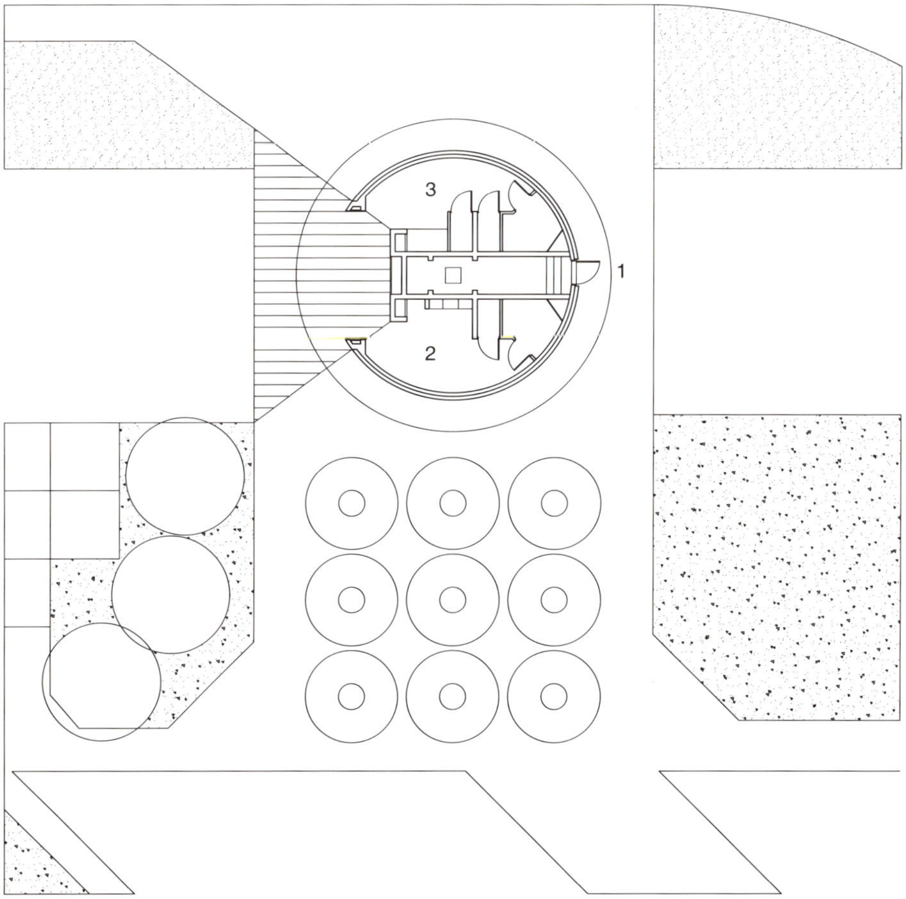
3
1
2

本页左下图

Grans和Saint-Martin-de-Crau洗手间的结构覆有玻璃屋顶。受保护的铝遮阳板可过滤强烈的地中海日光。

本页右下图

室内铺满反光青瓦。所选择的材料、固定装置和设备都持久耐用、易于维护。

右页上图

局部的石材给了建筑物底端一种粗犷的质感，同中央铺有瓷砖的核心形成鲜明对照。

右页下图

Grans和Saint-Martin-de-Crau洗手间的截面（右）显示了下置遮光板的成角度的玻璃屋顶。平面图（左）说明了洗手间的对称布局，男女设施在技术设备周围相互映照。

1 女洗手间
2 女残疾人洗手间
3 男洗手间
4 男残疾人洗手间
5 小便器
6 技术设备
7 组合垃圾桶

80公里（50英里）长的高速公路通过法国普罗旺斯地区萨隆和尼姆之间的普罗旺斯乡间，构成了连接意大利和西班牙旅途的其中一段。

对3万位每天经行这条路的汽车驾驶员们来说，这真是漫漫长路，但最近这段路却因一系列由Gilles Béguin和Jean-André Macchini设计的收费站而变得有趣。在两个此类收费亭旁边，巴黎人团队建造了洗手间。在Aire de Merle，路两侧的两座建筑物披上了可拉伸的织物结构外套，而靠近Grans和Saint-Martin-de-Crau收费广场的四个建筑物则安上了玻璃檐篷。一软一硬的不同天棚，以不同方式过滤着地中海强烈的日光。

所有设施设计背后的概念均基于自然光（这不足为奇，因为正是这样的光给了艺术家梵高灵感），且建筑艺术处理需同该国当地可找到的建材的风格相协调。

在Aire de Merle，通过一个中央入口可进入环形洗手间。其外部和内部的质感互补。外部覆盖的是来自La Crau当地的石材，而内部则铺满了铿亮的白瓷砖，均经过精挑细选，保证持久耐用、易于维护。伞状半透明可拉伸屋顶避开了墙壁，向下延伸至安放洗手间技术设备的中央核心。到了晚上，落地式泛光灯照耀着白色织物，反射在铺上瓷砖的室内，制造出安全的背景光，其优点在于给这些小宝石披上了神秘的面纱。

Gran与Saint-Martin-de-Crau的这些洗手间可通过任一端进入，紧邻沿高速公路分布的钢铁和玻璃构成的收费站。室内外分别采用了天然石材和瓷砖，而取代织物天棚的有机美感的是由铝制遮阳板保护的玻璃屋顶，形成了一个遮盖洗手间的棚架。泛光灯再度被放置于基圆及建筑物中，形成了一个地理标志，使该路段的延伸变得不同寻常。

所有设施的设计均基于一种洁净明亮的审美原则，给这些自助空间的顾客们一种安全感。男女洗手间结构布置相同，仅通过表明各个区域的图标进行区分。未来，沿着A54高速公路路段，按照这一模式构建的洗手间将会越来越多。

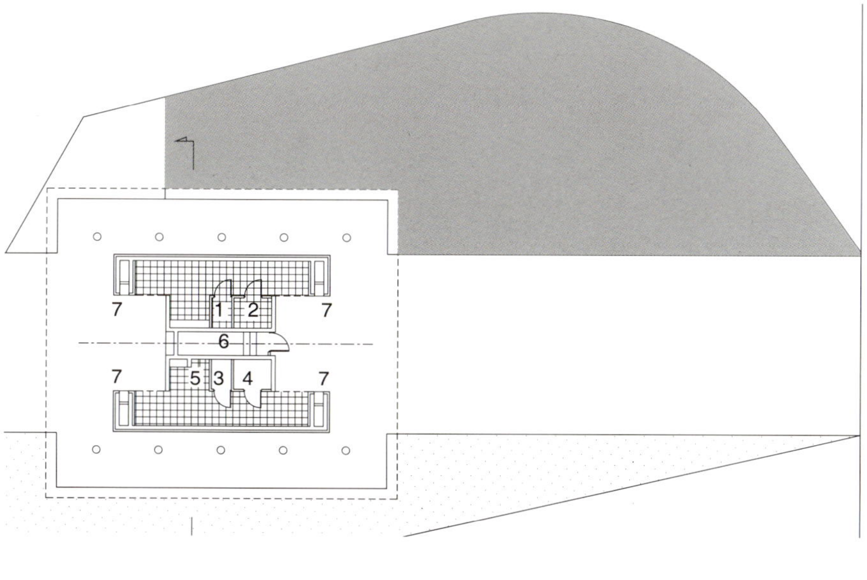
7
1
2
7
6
7
5
3
4
7

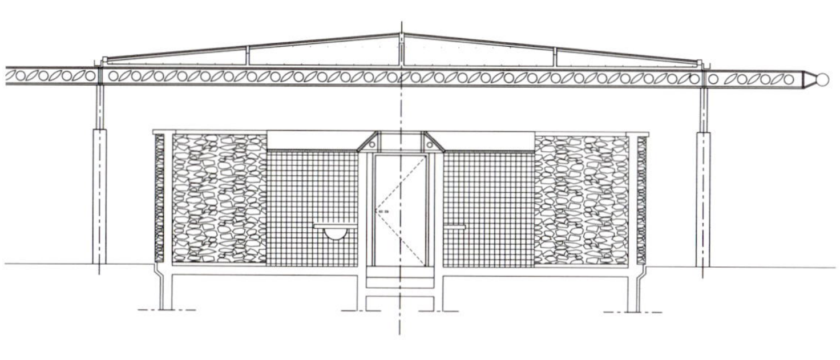

Urilift与UriGienic

Marco Schimmel

数个地方

如果您害怕被活埋，那么Urilift与UriGienic便不是为您而建的。被戏称为“Tardis洗手间”的这些街头小便器是荷兰人Marco Schimmel发明的，目的是为了解决酒馆和夜店关门后派对参与者和俱乐部成员随地小便所带来的困扰。值得一提的是，这些富有新意而独特的小屋子不用时就会沉入地底下。

有人可能认为解决这一令人厌恶的社会问题的最自然的办法是提供更多的公共洗手间，但公共洗手间自身也存在诸多不方便。很多时候，审美上它们不讨人喜欢，且需要定期监控以防止被破坏和涂鸦，它们被当地居民所厌恶，且不幸地往往被作他用，并且它们在那里一动不动。

Urilift及其女版的UriGienic，被认为是“讨厌的东西”的热点。它们只在需求量很大时露出地面。

在高科技液压系统的帮助下，不用时，这一2米（6英尺6英寸）高的自动清洗不锈钢圆筒形结构沉入大街之下，完全隐藏；它的屋顶有200个颜色可供选择，但也可以与周围路面使用相同的表面材料。

Urilift经过了精心构思，三人可以同时使用却不会侵犯彼此的隐私。UriGienic有一个悬浮于锅形马桶之上的马桶座圈，不用的时候会自动回到垂直位置，因而它对男女均适用。男女洗手间都与排污系统、供电及水管相连接，而且不同于移动小便器，它永远不必排空。浮起的洗手间灯火明亮，可安全使用，且有加热装置，因而不至于冻结。

然而，那些害怕沉入地底、无踪迹的人们可以放心：这些用于消除臭气熏天的小巷的新潮时空宝盒前景很广阔，国际上已制定严格的安全措施，以确保没有人会被卡住。该洗手间的弹出操作可通过在该洗手间几米范围内触摸一个按钮进行，理事会、服务员、警察部门或选定的酒店、餐馆和酒吧，持有特殊控制装置的指定操作者可执行这一操作。

左页图

自动清洗的不锈钢UriGienic有一种简洁实用的美感。不用时，马桶座圈会自动提起。

左页前三图

这一2米（6英尺6英寸）高的Urilift，白天不用时会沉入地底。

左页后一图

一旦该洗手间沉入地底，在路面可见的只有其环形盖子，其设计可经受任何重量，且顶部可用同风格材料材料进行修饰，以保持街道环境的统一。

多层停车场

Paul Scott与Robert Drake

英国沃金顿

沃金顿(Workington)是英格兰西北海岸的一个历史集镇，是拥有煤炭和铁矿石开采、炼铁炼钢的传统工业基地。同许多其他此类地方一样，随着20世纪后期沃金顿（Workington）传统产业的衰退，该地区农村地区人口下降。位于新多层停车场之下的中央大道的洗手间，是改造地区的一项较大工程，由西北地区发展署出资建设，斥资274万英镑（600万美元），是整个地区改造项目450万英镑（900万美元）计划的一部分，该计划起用当地的艺术家在新城镇建设中改善公共空间。

该项目还包括一个时钟和一个位于镇中心的用树脂以及当地的花岗岩制成的9米（30英尺）高的雕塑；华盛顿广场店面上的玻璃檐篷；该镇的主体建筑，配备有三维音景，由阿勒代尔（Allerdale）镇务委员会、沃金顿（Workington）新建机构和Working pArts公共艺术顾问机构合作管理。

本页图

主入口处的水族馆是该计划的“王冠上的宝石”，装着来自索尔威（Solway）当地的鱼类。

本页下图

每个小房间门的内侧是一套题为“你在这里”的5份文本中的一份，它们标示了读者当前所在地的较大范围的地理、时代和历史背景。

左页图

适合沃金顿（Workington）的新多层停车场下环境的洗手间，其固定装置和饰面均易于清洗，且有一种简洁实用、干净清洁的美感。

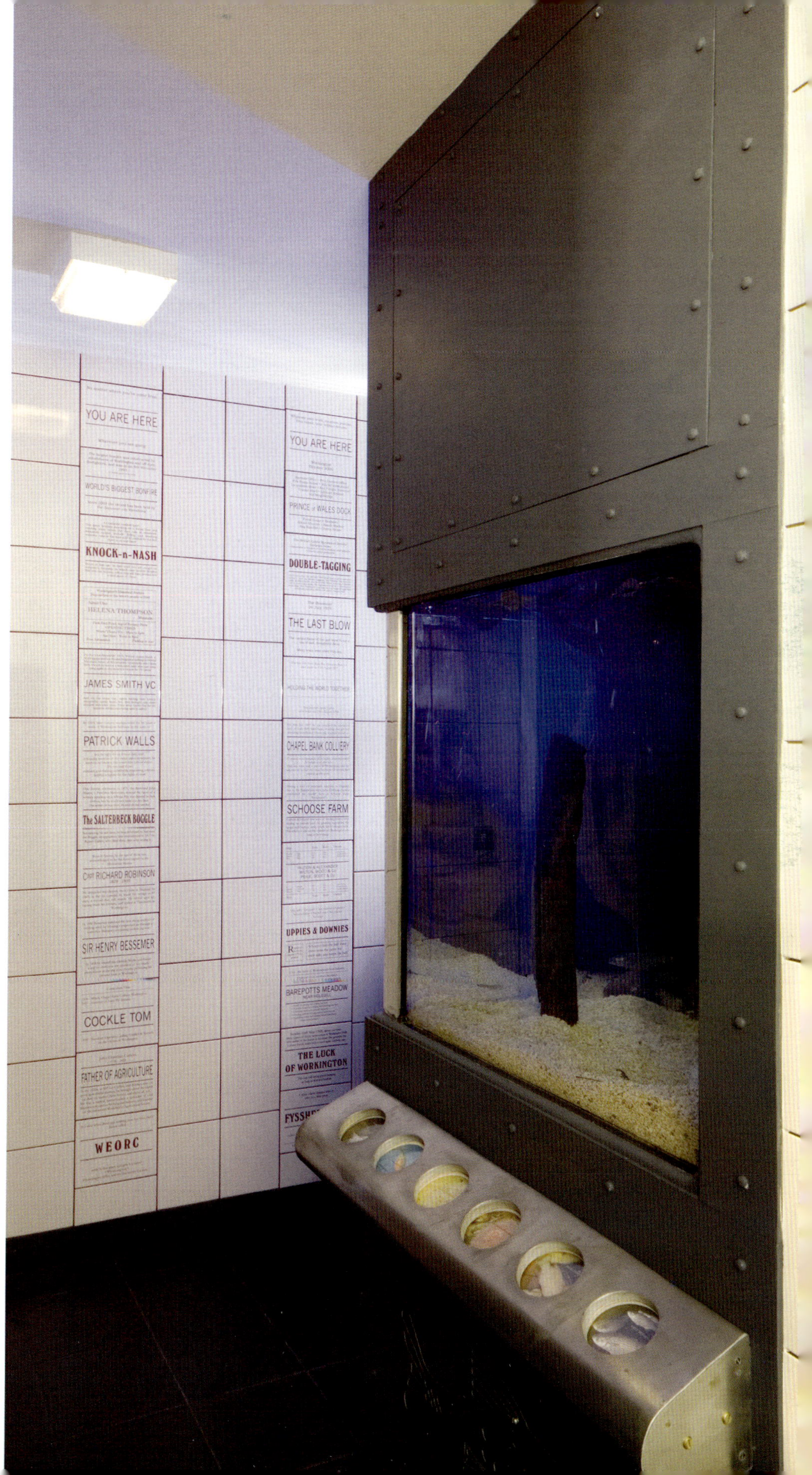

陶瓷艺术家Paul Scott，曾在欧洲、北美等国和澳大利亚开展览（确切来说，他策划了巡回展出“你坐得舒适么”，包括与洗手间有关的作品、洗手间用品以及用洗手间制造的作品）和Robert Drake、作家、石垛工兼柳树种植者，受托为这一功能公厕开发设计瓷砖。依据这几乎被遗忘但依旧令人骄傲的工人阶级市镇的起源、地理位置和历史，他们的设计将象征性的图像和文本纳入了受西坎布里亚马车卡片启发而得的配色方案（煤黑色、青灰色和铁红）。照片由Roger Lee提供。

洗手间内有三个循环的意象：“水循环”，它描述了水从源头到所在地的旅程，沿着男女设施的墙壁水平延伸；“历史线”，靠近入口的公共区域的从地面到天花板的文本带，每个文本都基于一个同沃金顿（Workington）有关的著名的人、地方或事件；“你在这里”，由有关世界的“沃金顿们”的事实组成，位于洗手间门的背面、干手器的上面，以及婴儿换巾处和残疾人设施。索尔威（Solway）鱼类水族馆由湖区海岸水族馆设计、建造并维护，位于入口处，它强调沃金顿（Workington）的海洋区位。

恰好位于沃金顿外的湖泊地区，拥有利用本地人才提供文化丰富化的悠久历史。这些洗手间也不例外。

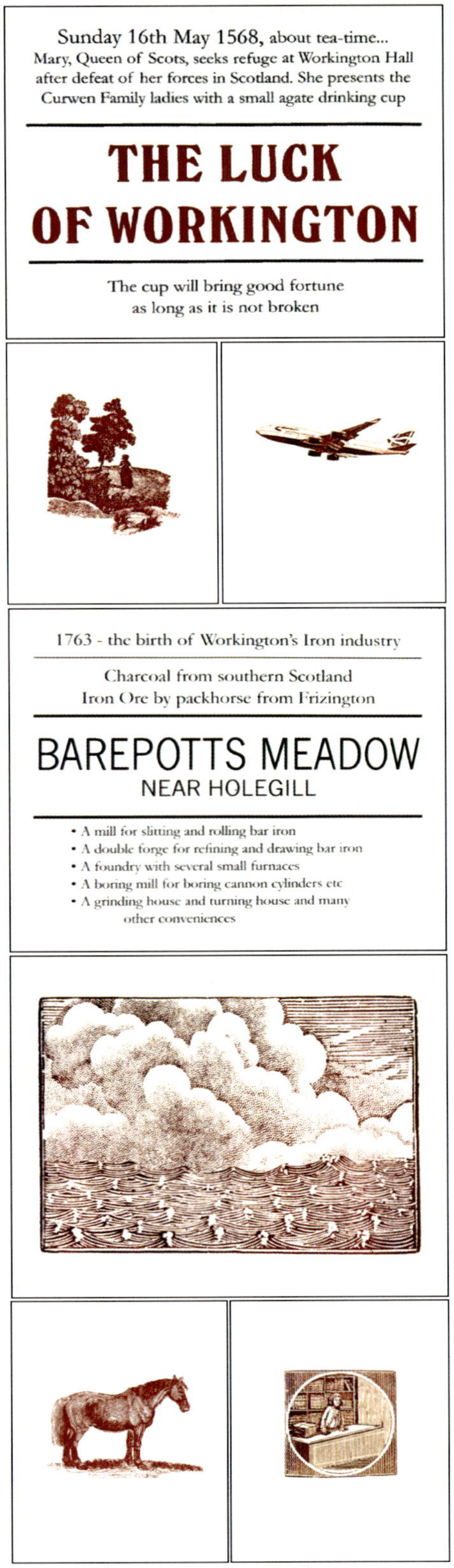

本页图

垂直文本带，基于当地的旧火车票的形状而设计，诉说有关沃金顿的人、事件或地方的故事。

右页图

装饰瓷砖的文本和图像由当地的艺术家Scott和Drake设计。在男女洗手间的主要区域，水平的文字和插图带描述着水从源头到所在地的旅途。

Cornhow
Daily, past ancient burial-grounds
Flow seventeen megalitres of H_2O
Al Fe Ca Cu Se Ni Na
Stainburn
You Are Here •
In the Women's Toilets
Tinkle splash drip plop
Rinse wring gargle flush...

城市洗手间2=1

GK Sekkei

德国柏林

GK Sekkei建筑师事务所设计的城市“洗手间2=1”完善了一排互动的街道公共设施，该工程由德国公司Wall委托并共同设计完成。坚持“清洁始于美学”的信条，制造商与户外广告公司邀请了国际知名建筑师研究其概念。前设计师包括Josef Paul Kleihues教授和Antonio Citterio教授。该工程范围包括为残疾人顾客所设计的洗手间、候车亭、电话亭、城市信息设施及游客引导系统，所有这些都兼具优雅和现代功能。所要求的简洁服务既无过度的设计痕迹也不太过独特，能很好地适应各种环境。Hans Wall，Wall AG Brand的前董事长解释道，“我们为大城市提供量身定制的以未来为导向的产品，这些产品同每一个城市景观和谐相融。”

GK Sekkei的“智能系列”部分，2=1的简朴、干净的几何形式并不显著。然而，这个小盒子的包含物却是其新意所在：结构上，一个空间可提供两个单独的小房间，且需要时能在几秒内转变成残疾人洗手间。洗手间有残疾人所需的额外空间，但同时又小巧而不唐突。高品质材料，如铝、不锈钢和亚光背光安全玻璃的使用可大大降低破坏和涂鸦的可能性。

这一设计的独创性在于其灵活的隔墙，被抽出时就会自动将两个小房间转换成一个大空间。当残疾人用专用钥匙打开门（从县议会社会服务部门获得），分割区域的板块会缩入后墙，只剩下两个马桶，轮椅可从任何一方进入。洗手间有一个旋转装置用于提供所需的空间，且用户在进入小房间前可选择洗手间的位置。洗手间空置时，自动清洗装置开始发挥作用，55秒内对地板和洗手间进行消毒和干燥。接着，隔墙重新出现，该设施可同时服务两位顾客。非残疾人士要使用洗手间需往外部装置投入一定的硬币，而该装置不会向内部装置发送信号要求转换。普通顾客的使用时间限制在20分钟，而残疾人的使用时间为40分钟。

Wall为公共场所开发的所有产品均为自筹经费。利用广告收入意味着城市不需要支付维修或清洗费用。德国人的效率和组织加上国际尖端设计意味”城市洗手间2=1 ”是真正的“为了城市，为了人民”——Wall公司的又一信条。

本页图

计算机辅助设计的连续动作说明了当小房间要转成供残疾人使用的空间时，灵活的分隔板是如何缩进后墙的。

一块可靠的可折叠板块将空间划分成两个单独的区域。当分隔板缩回时，盥洗池便折叠起来。轮椅用户可以从左侧或右侧进入洗手间。

左页左图

Kleihues教授是第一个在1997年为Wall设计“沿街建筑”的人。他的街道线的概念基于一个精简的几何图形：球面三角形。这种结构使行人可绕人行道上的物体顺利来往。

左页右图

Monbijou系列街道公共设施由Antonio Citterio于2003年设计建造。洗手间由镀锌钢、突出的粉涂层铝屋顶以及透明的玻璃广告牌组成。该设计的特点在于其轻盈、几乎没有重量的结构。

POINTWC
Nina Virus
法国巴黎

本页左图

POINTWC的客户会受到服务员的接待，服务员确保隔间在每次使用过后都得到清洗，亦负责出售洗手间精品屋的礼品和化妆品。

本页右图

平面图显示了洗手间的布局。大入口为精品屋、儿童们的游乐区提供了空间，也方便了使用轮椅的人们的进出。

1 入口
2 男洗手间
3 女洗手间
4 残疾人洗手间

右页图

男（左）和女（右）洗手间有不同的气氛。前者沉重的木材装饰及柔和而不失丰富的配色让人想起英国人的俱乐部，而后者的审美则再现了21世纪的化妆室和闺房概念。

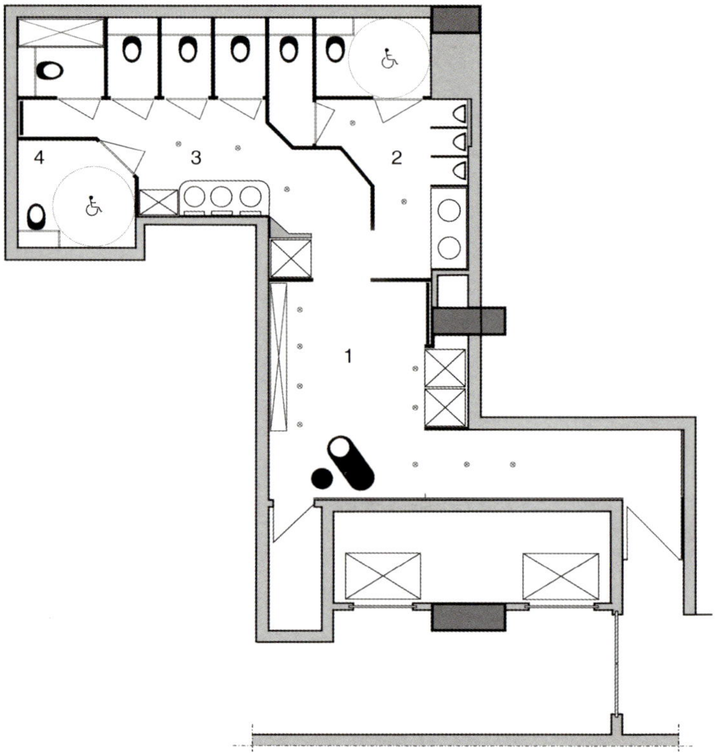

POINTWC位于时尚圣地——香榭丽舍大道上。在这里，伦敦WC1（见14页）所彰显的豪华公厕空间趋势得以延续。不过，要使用这一高档的设施，您不必像在英国那样支付一大笔款项：支付1欧元，您就可进入一个远离尘嚣的芳香奢华的世界。

POINTWC是Roca-Laufen一家卫生洁具及瓷砖生产商的一个品牌运动，本身就得到了高额补贴。这对所谓的“tryadvertising”而言亦是大好机会。一进入其中，顾客便会受到穿戴整齐的浴室服务员的热情欢迎，这些服务员出售精品店的商品，从尿布到精心设计的卫生纸盒应有尽有。虽然目前只同Roca-Laufen合作，POINTWC打算在法国及国外开辟一系列的经销店：负责人亦同主要的知名品牌如雅诗兰黛、妮维雅及娇韵诗通力合作，试图分发护肤品小样。

洗手间的设计者是Nina Virus，其公司Studio5491专门从事通信和绘图业务。此外，亦涉足产品及室内设计，因而该工作室是一个提供建议的理想之所，而该建议将在符合市民需要的同时为Roca-Laufen品牌的巧妙推广提供一切所需条件。

Nina Virus认为作为一个社会，我们开始永不止息地游离于工作、家庭、休闲及社会生活融为一体的日常琐事中，而唯一的插曲便是公共场所的小憩。

在这个忙乱的世界中，泡浴室这一基本需要被忽略了。

POINTWC对这个大城市里可见的各式各样的公共洗手间来说是一个有吸引力的选择。其概念是设计一个向所有人，包括儿童和残疾人开放的环境，在同一个屋檐下提供卫生保健和休息美容。在创造性方面，它避免了一向同公共洗手间联系在一起的简洁审美，构造出一个颇富艺术美感而“时髦”的空间。考虑到此类设施需实用而易于维修，它在材料、颜色和气氛方面精心打造出一种它所宣称的“宾至如归”的环境。每个隔间都有一种唯一的氛围，涵盖经典的时尚和民族主题以及禅宗和高科技主题。男女区域有明确的界定：前者被描述为英国俱乐部而后者则定位为一个21世纪的闺房。

伦敦WC1的建造花费了100万英镑，其花费总额从其较贵的门票也可看出，而POINTWC的设计则在有限的预算内。Studio5491利用其使用简单廉价材料的优势达到了一种颇富创造力的效果。

本页图

随着引导客户进入不同区域空间的改变，照明和图形也不断变化：如接待处、商店及隔间都各不相同。

左页图

这些隔间的氛围各不相同。马桶和小便器定期更换，以展示Roca-Laufen的新系列产品。不同颜色的照明用于创造一种舒适宁静的气氛。

大阪城公园
远藤秀平建筑师事务所
日本大阪

与大阪的建筑城市风光形成鲜明对比的大阪公园，是这个城市的几个供当地居民远离繁乱的城市环境、在这一历史景点的树木和公园中放松身心的去处之一。

远藤秀平受托为这一地区设计三个公众建筑：Halftecture OR（规模最大、最重要，内有咖啡馆以及男女和残疾人洗手间设施）Halftecture OO和OJ（两栋辅助洗手间建筑）。

这些小建筑物延续了远藤的非传统建筑类型的发展，其建筑类型以其中一种特点命名。前述例子包括了Springtecture、Rooftecture、Skintecture、Slowtecture和Bubbletecture等新词，所有这些都挑战了由柱、梁、屋顶和墙壁定义的现代派建筑的权威和统一。远藤解释说，"我的建筑无关点线，而关乎独创的思想"。

内部和外部的界限被模糊化，Halftecture的特色在于其开放式的审美，在其中可见四周景色。远藤认为，公共洗手间须提供便利，安逸感只能建立在开放性和安全性的基础上，而这来自对屏障和隐私的巧妙处理。OR被认为是一个咖啡馆和洗手间沿着中央庭院布置的环形平面。

所选择的形式可保证看到城堡，

左图

Halftecture OR基于一个围绕中央庭院的环形平面。咖啡厅完全由玻璃构造而成，而洗手间的墙则铺上了搪瓷。

下图

在洗手间和咖啡馆建筑可越过整个护城河看见大阪城。考顿钢屋顶的锈色和环境完全融合。

而其结构保持在较低水平，以最大限度地利用周围的田园环境。咖啡馆是透明的，洗手间的墙均铺上了搪瓷。用19毫米（0.75英寸）考顿钢制作而成的屋顶由三根斜柱支撑，看起来像漂浮在主体结构之上。隔间和屋顶之间的间隙则很好地利用了隐蔽和暴露的概念。

两个周边洗手间建筑，OJ和OO计划为矩形，由钢板覆盖，并特意以锈迹斑斑的形象融入其周围的环境。正如OR，弯曲的屋顶独立于墙壁，前者靠倾斜的端壁支撑，而后者悬挂在两个倾斜A型支架之间。通过他的小建筑物三部曲，远藤提出了一种新的建筑声明，其中以自然的重力造成的屋顶下陷在审美上融入了合理的构造中，而非常规做法上的拒绝。在内部，卫生洁具、固定装置和装饰物的选择都基于创造一种经久耐用而易于维护的简洁实用的美感。

大阪建筑表明，洗手间也可以成为标志性建筑，这重新定义了我们对当代的现代派建筑的期望。

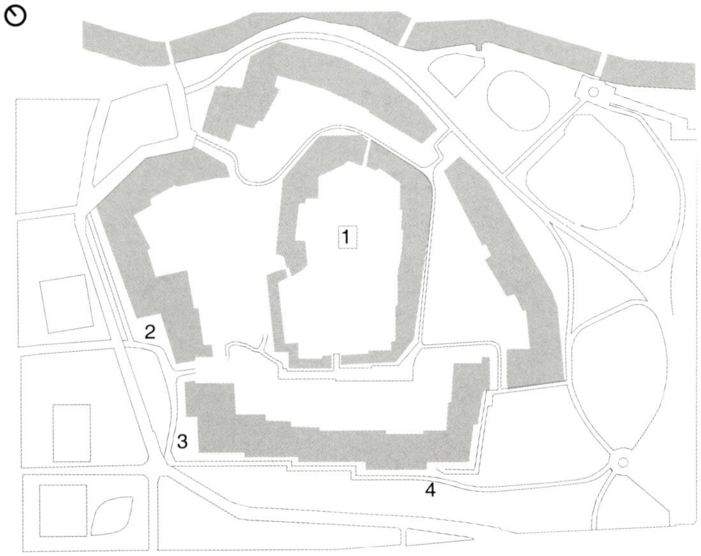

本页上图

Halftecture OO凭借其特意生锈的屋顶融入了周围环境。靠两个A型支架的支撑，它在中间下陷，其设计目的是让人以为重力对其带来了损害。

本页中图

Halftecture OJ屋顶的曲线的构造通过将其从36毫米（1.4英寸）厚的钢墙上吊起实现。

本页下图

1998年，日本兵库县，Sungu-cho，Springtecture H。远藤早期的洗手间设计的结构采用瓦垅钢板的独立螺旋形式。内外的融合就像是"丝带"的扭转和缠绕。这个名字来源于建筑的紧张状态，显示出一种动态的跳跃能力。

左页上图

Halftecture OR的环状屋"漂浮"在主体建筑之上，靠70毫米（2.8英寸）的斜柱形成的三角架支撑。卫生洁具代表了最高的技术水平，由Toto制造。所选择的饰面可保证其简洁实用的吸引力，且易于维护。

左页下图

位置图显示了洗手间建筑之间的相对位置

1 大阪城
2 Halftecture OO
3 Halftecture OR
4 Halftecture OJ

02
户内公共洗手间

应用艺术咖啡博物馆
Eichinger oder Knechtl
奥地利维也纳

本页图
洗手间位于"额外空间"，这里可作为一个休息区域。整个背景都是充满孩子式天真烂漫的彩色蜡笔图案。弯曲状的发光隔离面构成一间间私密的隔间。

右页左上图
墙面由闪闪发光的高压迭层塑料板或镜面构成，具有反光的效果。

右页右上图
弯曲的隔间，给人以自然流动的美，并充分利用了有限的空间。

右页下图
特制洗手台里的水由内部供应，而非来源于普通的水龙头。

企业家Wolfgang Rosam、名厨Helmut Ostereicher和建筑师Eichinger oder Knechtl三人联手合作，进行维也纳应用艺术咖啡博物馆的翻新工程。建筑师Eichinger oder Knechtl计划在奥地利全国各大城市开设具有传统酒店设计风格的咖啡馆。

奥地利的历史素来与咖啡文化息息相关，然而，Eichinger oder Knechtl 却另辟蹊径，坚持酒店现象更为普遍。他所设计的咖啡馆，不仅有美好时代咖啡屋的精致优雅，而更具德国人啤酒窖的那种轻松写意。咖啡馆由三个部分构成：新颖独特的酒吧、就餐区及extrazimmer（字面意义即："额外空间"），三者天衣无缝，完美组合在一起。

翻新前的咖啡馆，外观并不起眼，还一度无用武之地。馆长Peter Noever所指定的设计理念是将传统与实验主义相结合。早前已有一些建筑师对馆中的不少房间进行过设计，而这些设计风格与馆长提倡的理念不谋而合。

建筑师在保有酒吧原有装饰华丽的抹灰泥建筑上，通过插进一面长达22米（即72英尺）、带有镜面反光功能并会发光的帆状装饰面，给人以耳目一新的现代美感。该装饰面经几何规则弯曲，折叠横跨整个酒吧，悬挂在酒吧顶端，由酒瓶制成的枝形吊灯，分外独具匠心。餐厅则显得较为庄重典雅，充满浓厚的传统酒店风格。背光的木制穿孔面板，涂以柔和的颜料，覆盖整面墙，并横穿过由叶形装饰板构成的天花板，使原本令人觉得过于空旷的空间充满和谐的亲切感。

洗手间（男女洗手间位于同一个大空间内，但用颜色加以区别：蓝色代表男士洗手间，粉色则代表女士洗手间）位于"额外空间"底端，这个空间可用作休闲场所，位于内院一个Z字型、墙面漆铜的亭子里。他们希望洗手间能够体现这种特有的安逸舒适，却又不失主区域的现代

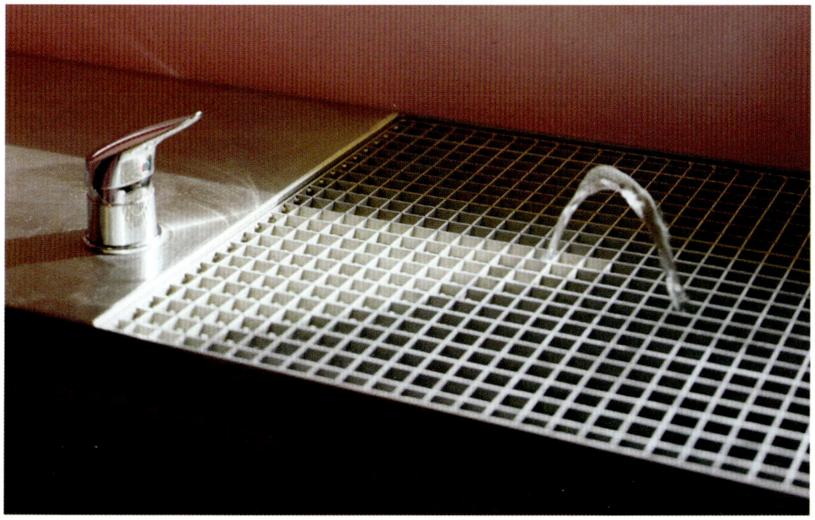

美感。几乎像是从孩童调色板上摘取的苹果绿、草梅红及艳阳黄等色调在座椅软垫上的运用，大胆洗练，别出心裁。小包间的设计曲折复杂。设计师将该设计理念比作“无限设计”。通过拟制简单循环的交通流设计图，充分利用空间，让有限的空间显得宽敞而奢华。货摊的设计和曲形，装有灯饰的隔离间一样，将“额外空间”里的坐亭巧妙隔开。小便池和洗手间的设计尽管简单，但依照各自狭长形状，经悉心挑选，突出竖直部分，使空间显得宽敞得多。由于洗手间缺乏自然采光，因此对于灯光的处理显得尤为重要。镜子周围用花纹装饰，光线经包厢内光滑闪亮的高压迭层塑料墙面反弹出来。特制的“水槽”，看起来像一个洗手台，所流的水由内部供应，为功能实用的卫生洁具平添一抹新意。

酒店设计讲究对空间顺序的排列，酒吧强调实用，亭子注重优雅。而洗手间则延续这种自然流畅的设计风格，充分体现咖啡馆的整体设计理念。

本页图

男女洗手间绘有彩色图案，蓝色代表男士洗手间，粉色则代表女士洗手间。

右页图

经悉心挑选的狭长卫生洁具，突出竖直部分，使空间显得更为宽敞。灯光设计也是为了增强这种效果，但由于底端缺乏自然光，因此对灯光的处理显得尤为重要。

Belle et Fou Theatre酒吧

Meuser Architekten BDA

德国柏林

本页上图

观众席掠影。尽管保留了舞台与观众坐席之间相互隔开的传统，然而表演者与观众之间，设有一个可供二者互动的区域，演员和观众不再有距离。

本页下图

洗手间的平面图。在德国，根据法律，在公共场合，男女洗手间必须独立分开。二者从概念上讲是完全一样的。

1 女士洗手间
2 女士化妆间
3 男士洗手间

右页图

在通往女士洗手间的入口，设有一个全身长的化妆台。化妆台顶端是一面装饰华丽的巴洛克式镜子，与背面水槽上的镜子形成无限反光。由荷兰设计师Brand van Egmond量身订作的枝形吊灯与散发柔和光晕的灯饰相得益彰。

Belle et Fou Theatre酒吧的设计是效仿20世纪20年代，在德国风靡一时的专业剧院，充满颓废的色彩。刚从一战帝国主义者的压迫中解放出来，又经历德国皇帝威廉二世的退位变革，饱受挫折，悲观绝望的德国人转而过起纵情声色场所的夜生活，在这些地下娱乐场所里，不论是演员、观众或酒店中的歌舞表演者，都不再有清晰的界限，所有人不问身份，纵情欢乐。他们常常彻夜狂欢，再一路玩到柏林街道上，直到黎明的到来。这种魏玛式的堕落氛围在德国新务实主义（或者说新客观主义）画家乔治·葛罗兹和欧托·迪克斯的作品中得到充分的体现，同时也反映在电影《酒吧间》中的角色Sally Bowles标志性的礼帽搭配吊袜带里。这些都再次见证了德意志第三帝国践踏这片干净神圣的土地、不择手段控制该民族前的短暂的自由时光。

Belle et Fou Theatre酒店的设计重温了这种剧院式娱乐场所的二次风潮，在这个充斥着奢靡和堕落的地方，人们可以随心所欲、纵情欢乐。

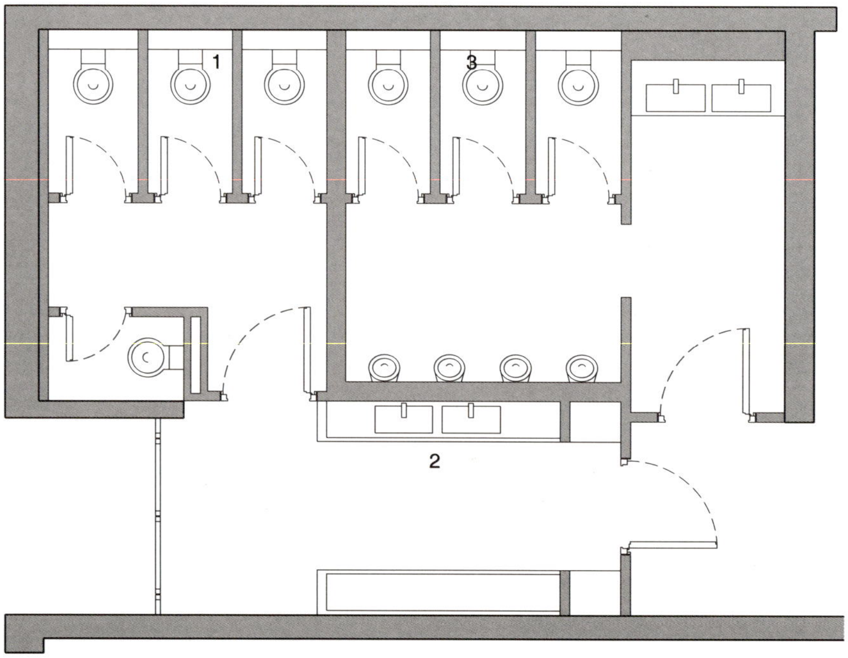

本页图

特色水槽的鸟瞰图。水槽顶端设有一个刻有花纹图案的面板，精巧雅致的图案不禁让人想起令人眼花缭乱的典型中式建筑。

右页图

包厢的设计以简洁大方为主，里面装有由Alessi设计的Roca-Laufen便池，突显公共区域的完美设计。

德国柏林当地建筑师菲利普·穆泽和娜塔莎·穆泽最终脱颖而出，赢得对位于Spielbank Berlin的新剧院翻新其中一层的机会，同时也作为波茨坦广场翻新工程的一部分。这里汇聚酒吧、饭店、电影院、音乐厅以及赌场等娱乐场所，可谓用来重现20世纪20年代专业剧院的的理想地点。通过和剧院制作人汉斯·皮特·沃德兹及艺术总监亚瑟·卡斯特罗联手合作，两位建筑师将建筑与舞台设计二者相结合，营造出一个独特的环境，摒弃了原有中产阶级对剧院设计的固定文化模式。尽管舞台依旧按照传统习惯，与呈半圆形的观众席分隔开来，建筑师们却在这基础上营造出一种亲密无间的氛围，拉近演员与观众之间的距离。

对男女洗手间（在德国，公共场合男女洗手间必须相互隔开）的设计，同样地，也作了相应的考虑，与剧院奢华舒适的室内设计风格相符。设计师通过充分利用灯光、空间和材料的表现能力，最大程度地发挥创设能力。洗手间的设计理念和观众席、吧台及饭店一样，让顾客仿佛置身于舞台，享受万众瞩目。精致优雅的室内装饰是剧院的一大特色：炫目迷人的带花纹水槽面板，排水时，水流可从此处排出。化妆台上装有一面巴洛克式的镜子，与荷兰设计师Brand van Egmond专门订制的精巧枝形吊灯及洗手池等区域顶端不时散发柔和光晕的灯饰交相辉映。

Belle et Fou Theatre被设计成区域之间相互透视，致力于自我展现，给人以全新的体验，洗手间也是出于相同的设计理念。

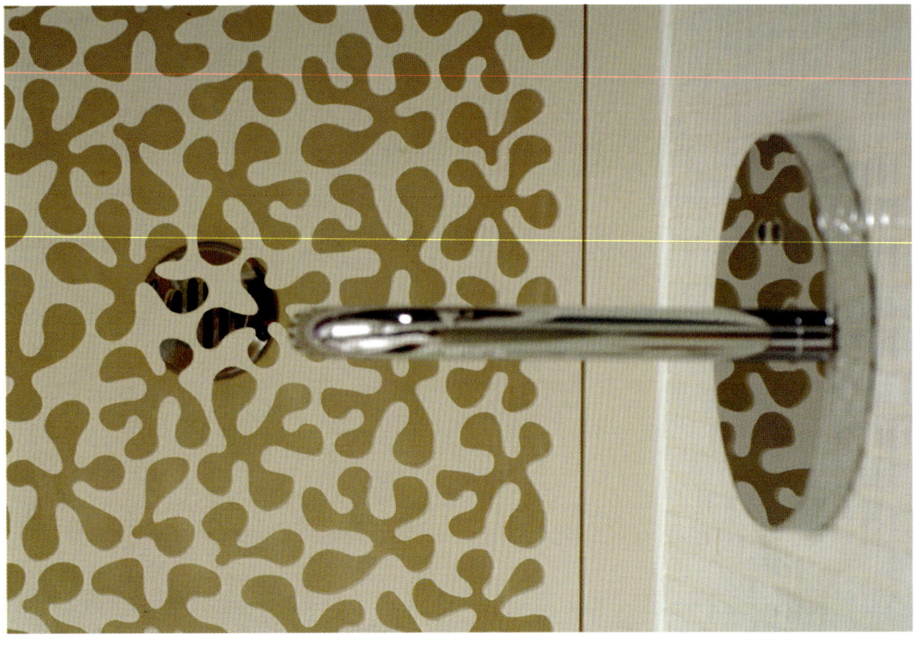

Crèche
RCR Aranda Pigem Vilalta Arquitectes
西班牙曼列乌

本页图

洗手间与位于中心区域的走廊分隔开来。石灰绿、樱桃红和柑橘色的玻璃被重复用于树脂玻璃结构，整个空间由多个树脂玻璃结构相互隔开。

右页图

棒棒糖式的五颜六色，柔化了Cr è che室内大量运用的极简主义线条，给人以俏皮活泼之感。

尽管RCR Arquitectes鲜少涉及西班牙东北部加泰罗尼亚赫罗纳省以外的设计，他们依然凭借对国际现代主义的独特诠释而远近驰名。该公司位于奥洛特，他们的作品主要见于奥洛特及其周围的一些乡村和城镇，但不能因此将他们列为地方主义设计师。他们的设计风格极易辨认，标志性的反复运用极简主义手法，许多立方体结构和用极少颜料的材料（通常是玻璃、混泥土和钢铁等）相互穿插连接。这种标新立异的创设风格吸引着全世界各大媒体与专业人士趋之若鹜。

该建筑设计公司一贯要求甚严，这也决定了，在设计位于Manlleu的Crè che时，他们在选择建筑师方面的与众不同。Manlleu距离奥洛特40公里（25英里），距离巴塞罗那80公里（50英里）。然而，令人大感意外的是，1988年才成立的新秀竟然在短短时间内获得巨大的成功。由Rafael Aranda、Carme Pigem和Ramon Vilalta三人联合打造一个五光十色、充满奇幻色彩、适用于婴儿和刚学会走路的孩童玩耍的小人国世界，室内大量运用标志性的极简主义手法及相连的立方体式亭子建筑，但又不失独创性。

在孩童式积木的设计理念上，RCR公司通过运用充满活力的糖果屋颜色作为室内设计的一大亮点，成功地诠释现代主义俏皮与活泼的一面。灯光经平板玻璃充斥整个室内，该玻璃可以随意在柠檬绿、樱桃红及橘黄色之间变幻，五彩缤纷，耀眼夺目。欲进一步了解这里，必须匍匐前行方可实现。设计师以孩童的视角进行设计，入口处悬挂着一个彩色饰品，孩子们可从底下自由出入，但与家长一起时，须从此处绕开。

壁橱、盥洗区和洗手间占据中心区域。树脂玻璃结构同样重复采用多种棒

棒糖颜色，从天窗投射进来的光线使这一区域散发七彩光芒，显得尤为五彩缤纷。而为3岁以下的孩童设计洗手间则是一大关键。当前最主要的问题是对孩童进行相关的上洗手间特训——孩子们须学会控制自己的生理需求，如果进展顺利，他们将获得成就感，并可独立上洗手间。RCR设计公司专为孩童打造一个充满人性化、干净透明、丰富多彩的洗手间环境，室内所有器具包括便池都是专为刚学会走路的孩子而设计，高度适中的洗手间隔板，既提供一定程度的隐私又无需将孩子与周围环境阻隔开来，让孩子上厕安全无虞。与那些单调、纯白和无门的洗手间设计相去甚远，过去那些充斥着消毒剂气味的洗手间常常吓坏不少孩子。

左图

洗手间室内的设计，以孩子的需要为第一考量，因而设计师从孩童的视角出发创设一个小人国式的微型洗手间。半开敞式/半闭合式的洗手间隔板为用户提供一定隐私的同时又能让他们关注到外面的情况。

Artoteek
Ica van Tongeren
荷兰海牙

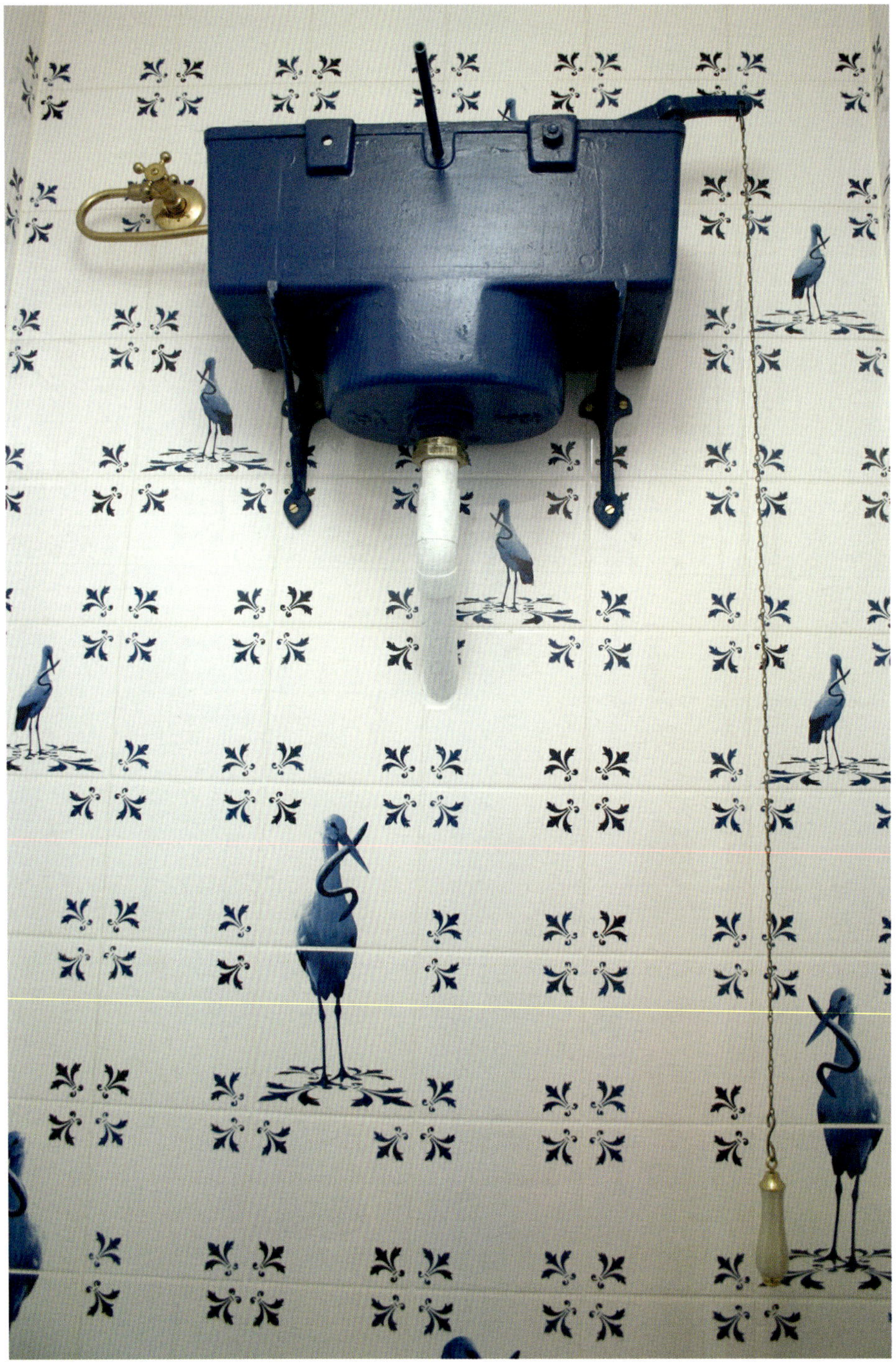

左图

Artoteek的室内改造工程，旨在使室内充满干净庄重的风格。

左图和右页图

客户要求保留原有的Delft洗脸池和蓄水池。现有的带鸢尾图案瓷砖上是衔着一只海鳗的鹳的图案。

该小型洗手间，通过巧妙运用艺术与手工艺，使原本毫不起眼的区域完美体现了文化特色。

Artoteek位于荷兰海牙一栋古老的建筑物里，作为一个画廊，致力于该地区的艺术推广。丰富的藏画使顾客可从这里借画作，就像从图书馆借书一样。起初，Artoteek是出于商业用途而创办，这一点可以在NEXT建筑师的翻新工程里获得体现，他们的室内设计常显白净庄重。不过，对于洗手间的设计，则反其道而行。洗手间的设计从一个毫不显眼、强调用途的地方转变成一个供客人争相谈论、充满艺术气息的场所。NEXT建筑师们特聘陶瓷艺术家Ica van Tongeren来改造室内现有的砖面，他们想设计出一个让顾客忍不住赞叹："你去过那洗手间了吗？那是一种独特的体验。"客户要求保留古老的水洗槽与水箱，其他的则全权委托设计师负责。

自范·汤格恩从荷兰瑞特菲尔德艺术学院毕业后，便着手钻研如何将摄影学的创新技术融入到图案设计中。她认为设计是延续经典的有效方式，曾多次与常年生产传统蓝瓷的皇家代尔夫特工厂合作。

范·汤格恩采用百合花图案瓷砖，可谓锦上添花地在经典之中融入新元素。陶瓷制品统一采用代尔夫特蓝瓷，以此唤起历史沧桑感，并与荷兰人深刻的感情直接会话。通过融合摄影术、数字处理以及高温煅烧转换的现代化技术，将海牙市徽（即鹳嘴里含着海鳗的图案）升华至瓷砖装饰之中。其独特的上光流程使代尔夫特色调成为瓷砖经久不衰的组成元素。地板上铺设的瓷砖上也有以实物大小绘制后相应缩小比例的鹳的图案，由于天花板上设有类似的装潢，远景给人以颠覆狭小空间的宽阔之感。

通过将高雅的摄影术与传统的饰品相结合，范·汤格恩缔造了现代版的经典图像复兴。她认为："所谓革新，通常是去除旧的，添加新的，无论过去的元素与新内容是否已然相得益彰。"

De Effenaar文化中心
鲍勃·库伯莱与安东尼·克雷尼皮尔
荷兰艾恩德霍文

本页图

为了使建筑锦上添花，所有非设计范畴的内部装潢都与建筑有机地结合，其中包括柜台、酒吧、衣帽间以及售票处。

右页图

内设洗手间的更衣室采用独特强烈的主色调修饰，尽显其独特的尊贵地位。

部分设施图案采用DD涂漆，其中包括洗脸盆与镜子。

De Effenaar是荷兰流行文化的标志。建于20世纪70年代，最初是青年活动中心，随后演变成了颓废派音乐会的聚集地。它渐渐从可选择的“流行天堂——众人渴望去的地方”演变成了主流，并一路保持着亚文化中心的美誉。由于急需另一个礼堂，以及地下河逐渐侵蚀地基的事实，使寻得一个地点重新安置此荷兰文化史成了迫在眉睫的既定需要。

MVRDV建筑事务所缔造的新De Effenaa拥有碉堡一样外观的混凝土结构，主音乐厅旁围绕着各式的房间。其中包括位于一楼的第二表演间、休息室、衣帽间、咖啡厅与厨房以及位于建筑两旁的后台、技术员与演员休息室。MVRDV一手打造了审美角度上无可挑剔的精致与源自自然清新可人的纯观感，此设计可谓是将不可能变成了可能。

鲍勃·库伯莱与安东尼·克雷尼皮尔致力于将当地风情融入工程，全面涉及包括非建筑方面在内的内部装潢。库伯莱·索勒登工作室享有艺术与设计边界的新生荷兰实战的美誉，而库伯莱原为其总监。克雷尼皮尔自称是厉行纪律的人，所学的专业是产品设计，但他和库伯莱一样，工作都是徜徉于具体与抽

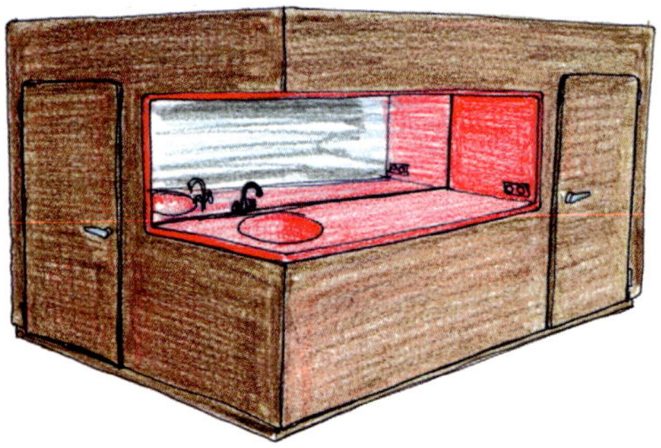

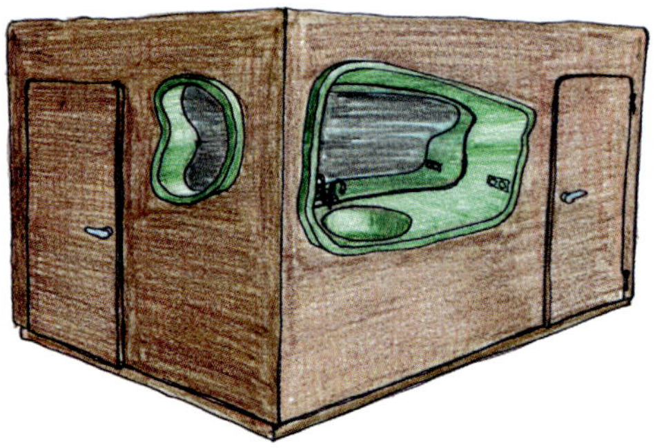

本页左上图

所有卫生洁具都是采用标准式的，一旦有损坏便能及时更换。

本页右上图

更衣室内部采用透明环氧基树脂表面的梅兰蒂木，以防止肆意涂鸦。

左页上图

更衣室内设洗手间与淋浴间，形成“房中房”的结构，给人以细胞式的审美观感。

左页下图

四间更衣室的后部设有洗手间的示意图。

象之间的性质。他们的设计包括柜台、酒吧、衣帽间、售票处以及内设洗手间的更衣室。正如克雷尼皮尔所言：“独立设施的融入将使建筑锦上添花。”

更衣室内设演员洗手间，设计理念在于防止不可避免的损坏，其中包括场地中工作人员刻意的破坏。De Effenaar 的负责人马利克·艾皮波姆表示：“通常演员比观众更加恶劣，他们弄得满地垃圾，一片狼藉。”家具由24小时生活缔造，采用纯天然松木制成，上面遍布演员们留下的痕迹，然而洗手间的设计则可有效防止任何类似的磨损。

共设有四个洗手间，且各自采用蓝、黄、红、绿强烈色调以营造截然不同的氛围。通常后台较平凡无奇，库伯莱与克雷尼皮尔认为：一旦设计别致，工作人员们会为之一震，也就相对不会肆意损坏了。洗手间内设卫浴与淋浴头，与建筑整体相对独立，形成了房中房的格局。深棕色面板雕刻着多彩的图案，设有洗脸盆与镜子，以上设备具有防恶意破坏的功能。更衣室内部采用透明环氧基树脂表面的梅兰蒂木，以防止肆意涂鸦。然而为确保拆卸方便，面板以免螺丝的方式固定到一起。虽然箱子型的建筑结构给人以感化院似的观感，但是由于恰如其分地使用色彩渲染，其舒适度与实用性大大增强。

儿童专员办公室
费尔登与莫森建筑师事务所
英国伦敦

儿童专员办公室成立于2006年，是鼓励支持儿童的独立机构。英国拥有11,000,000名儿童，但仅有为数不多的机构能给恃强凌弱、有孤僻行为、遭遇歧视以及残障的儿童提供帮助。

近期成立的儿童专员办公室选定伦敦桥1号的位置，并委任费尔登与莫森设计一系列的能够令儿童们互动，进而谈论自身问题的空间，于此同时对成年人也有吸引效果。设计出的房间采用色彩鲜明的格调、柔和的曲线、暖人的灯光以及充气式的设施。其设计理念反映了儿童专员办公室存在的理由与价值。公关传媒总监莉莎·怀特对此设计方式加以阐释："我们的目标是从儿童及青年们本身那里获得信息并据此揭露问题的本质。许多来到这里的孩子们可能是残疾或是很抑郁的，因此这里的环境氛围对促进交流起到至关重要的作用。"

洗手间的设计理念延续了其他内部装潢的主题。顾客可以提供任何建议与要求，唯一的限制便是可用性与技术性息息相关的常规限定。男士洗手间与女士洗手间的设施相同，但设有地板至天花板的巨型图像，可轻而易举地从图像中分辨是男士、女士或残障人士的洗手间。

本页图

可轻而易举地从图像中分辨是男士、女士或残障人士的洗手间。

左页图

设计采用鲜明醒目的色彩，柔和的曲线，暖人的灯光效果，使儿童专员办公室明亮而令人欢欣雀跃。周遭的氛围邀请并鼓励互动，使孩子们敞开心扉，推心置腹地倾诉他们内心的羁绊。

费尔登与莫森建筑师事务所通过与5至18岁孩子的对话做了相应的研究，用数码相机记录孩子们最喜欢以及最厌恶的即时环境。洗手间无一例外地被列为最讨厌的地方。对孩子们而言，洗手间将他们对学校、私人以及生理机能不安的情感因素转化为生理形式。成年人们对孩子有强烈的保护意识，认为孩子们需要的是小型的洗手间以及袖珍的卫浴。但事实上这令孩子们感觉疏远，他们并不希望在家里有这样的待遇。研究表明，婴儿与青少年都需要配备镜子装饰宽敞的私人空间，这令人倍感诧异，因为这也是他们一直引以为笑柄且嗤之以鼻的生活化例行公事。

这以研究为先的设计同时也是成人化与精致并行的杰作，洗手间的样式与电视演播室或夜总会的一样。大部分的资金花在菲利普·斯塔克卫生洁具上，采用前沿时尚的盥洗盆以鼓励孩子们洗手。色彩的设计采用同深度的蓝色，体现出了此工程的核心功能，能够让人们一眼识别不同功能和特别需求。灯光散布开来，设施采用简约常见的款式。费尔登与莫森建筑师事务所的约瑟芬·哈金斯对此项目发表评论：“来到儿童专员办公室的孩子和年轻人都对洗手间大加赞赏，洗手间成了谈论的热点，大家对这绝佳的设计非常满意。”

本页图

洗手间宽敞并设有供人自我梳妆的镜子。所有的门都有1米（3英寸）宽，令残障人士以及亲属相伴的小孩能够进出自如。配备冲水感应器，因而隐藏了蓄水箱，增加了视觉美感。

右页图

卫生洁具采用前沿的设计。菲利普·斯塔克的盥洗盆极度地调动孩子们的好奇心，令他们在便后倍感兴奋地想洗手。

马格回收再造厂
OOS
瑞士温特图尔

本页图

工厂采用水泥砖并加入了马格回收再造厂司推崇的绿基色玻璃，淋漓尽致地彰显其生态环保的前瞻性。

右页图

企业绿色化得以广泛应用，浴室内主要设有圆形的公用洗涤池。采用脚踏开关式的抽水机，只有受压后才会冲水，达到了节约用水的效果。

瑞士素来以强烈的生态责任感闻名，回收再利用在人们的日常生活中犹如去商店购物一样重要。

马格回收再造厂与温特图尔的主干道及铁路毗邻，已拥有60多年的历史，主要收集工业消费后的产品与材料，例如玻璃、塑料、纸、金属等。一段时期的扩大发展后，公司想要扩建外面的庭院以增加厂房范围，从而提高生产量。然而，驻苏黎的设计师oos在2004年建立厂房与2006年建立洗手间时萌生了其他的创意。由于马格回收再造厂地处居民区的边缘地带，他们致力于营造混合式多功能的空间。如此一来，当地人可以直接将废品送入工厂，提高了回收再利用的时效性。同时，也让城镇工人以及居民尽享公园、可出租的带屋顶停车场以及室外露台的附带设施带来的便利。

在工厂的南边，人们各自运送着用过的产品，将废品装在特制的运货车内，从车里装入集装箱。每项都张贴着可回收原材料标识，实现科学的分类。仓库的北边，商业卡车正在卸货，这些货物随即将按类型及运往地有机地分类。通过使用企业绿色化，即浓烈的绿基色，水泥砖的工业审美感得以缓和，半透明的玻璃墙临居民区而立。

此处介绍的仅限于男职工洗手间（由于女士洗手间、办公室洗手间以及访客洗手间并不是出自oos之手）。设计理念在于扩充以及重新分配现存的空间，以便给员工提供可更衣、淋浴、存放物品与休息的处所。设计的初衷在于坚持马格的企业信条，（即经济使用自然资源，提升成本效益以及功能性简单化）。oss缔造了直截了当的清晰结构布局，与周边粗

糙模糊的工程形成了鲜明的对比。采用易操作、经久耐用、简约的设施附件，使整体色彩协调一致，并且让大量渲染绿色成了建筑可圈可点的主要特征。简约交叠的圆形灯令闪耀炫目的彩色表面增色不少，与圆屋顶天窗相得益彰，让自然光洒到房间内。除了设计以生态为主题之余，顾客还要求低能源消耗与水消耗。小便器是无水式的，且无需任何电线连接或水供应，卫浴则设有双按键式冲水系统。圆形的公用洗涤池配备气动的脚踏板，只有在启用踏板的时候才会冲水，进而节省了水资源。所有的灯都与动作感应器相连，只有当有人在时才会亮灯，否则空间则处于自然采光状态。

许多回收再造厂通常都建于郊区广茂的工业区，然而此具有前瞻性的马格工厂却将回收再利用带到人们的身边。在公用及私人功效之间，结合户内户外的空间布局，马格建造了与当地居民区、环境、商业、市政以及个体客户间的千丝万缕的联系。

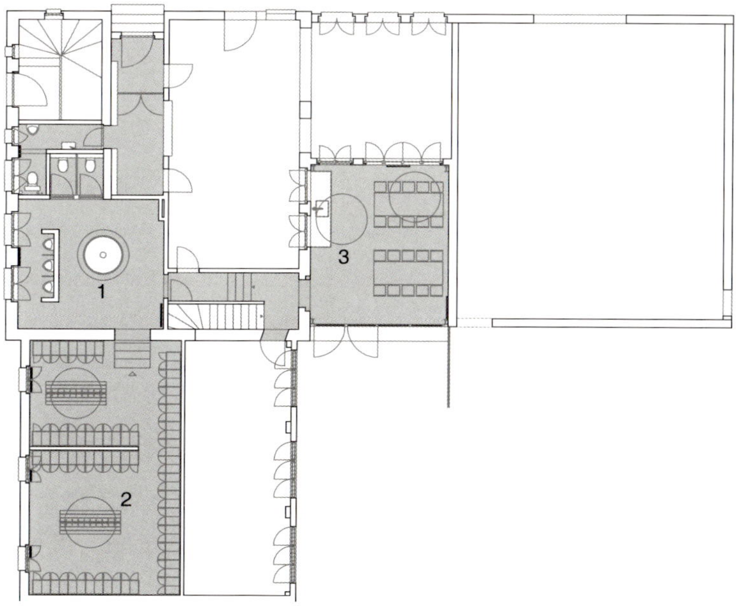

本页左图

衣帽间位于洗手间的中间部分，并与卫浴及淋浴室毗连。

本页右图

平面图展示了联系紧密的洗手间、盥洗设施、更衣区与公共休息室的位置。这些设施位于办公大楼内，大楼创建于2006年，即工厂建立2年后。

1 洗手间
2 储物柜与更衣室
3 厨房或员工休息室

左页图

采用功能强大构造简约的设施配件，并且通过最先进的节水节能高新技术安装。

芬克尔斯坦医生的整形外科医院
马特亚·米库兰德拉·马克特
德国柏林

临床的医疗环境设计以白色为主，而马特亚·米库兰德拉·马克特为芬克尔斯坦医生整形外科医院量身定做的设计打破了传统的格局。

该设计以整形外科为起点，她研究了人体运转系统机理，并以此为依据建立了一系列的房间，以便给不同程度骨骼机能失常的病人提供体检与治疗。芬克尔斯坦医生将传统及新型可选的方案相结合，致力于给病人全方位的服务，他的理念是在手术中体现多元化的职业操守。

房间的建筑风格饱含对运动及动作的参照，前者强调水平格局，而后者则专注垂直架构。已建成的非传统医疗机构引入了高科技与普通科技的元素，以及当代与传统的细节设计。全面使用灯光效果达到技艺高超的境界，在交际互动中产生作用效果是至关重要的，例如在接待处与门廊其功能便体现得淋漓尽致。

病人刚进入整形外科医院会为之一振的主要有两个特征：双管齐下的使用图像与色彩渲染。图像的使用是指接待处与毗邻的墙面饰以黑白相间的男子裸体图像。图像采用蹲下的姿势，意指芬克尔斯坦医生的病人苦苦寻求的柔软顺从与敏捷灵活。建筑师用这些图像来表现主题，候诊区旁的桌子与高处顶棚层层卷绕的脊柱状弧线突出强调了人类身体健康的含义。

色彩的全面使用主要基于罗德克、米尔文与曼克的《人类·色彩·空间》，此书诠释了色彩与灯光对人类心理的影响作用。包括接待处、候诊室与诊疗室在内的大区装饰采用桃与橙两种色调，根据色彩理论，这样的选色能够营造平静的氛围。然而，一面墙体上采用棕色的薄板，以营造出层层嵌套包围之感。

洗手间其一供病人使用，其二供医院员工使用。这两间男女通用的洗手间最令人为之一惊的是采用现代感浓烈的色彩主题，与其余部分的内部装潢形成对比。暖色系被轻松淡雅的蓝色与白色

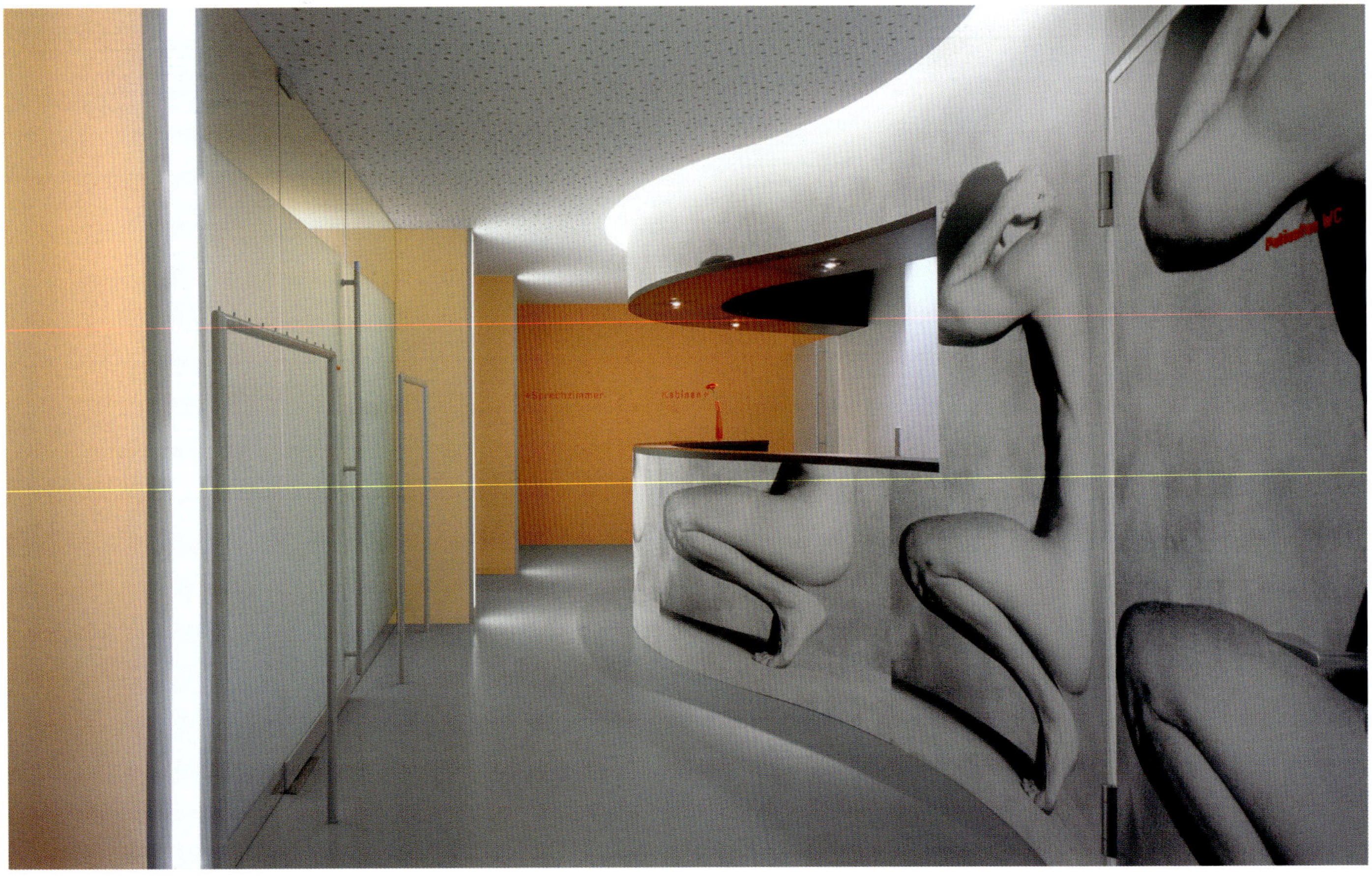

本页图

接待处主要设有弧形的桌子，上面饰以黑白相间的男子裸体形式纹章。图像延伸至毗邻的墙面与通往病人洗手间的门，意指芬克尔斯坦医生的病人苦苦寻求的柔软顺从与敏捷灵活。

右页图

病人洗手间空间宽敞，为行动不便的人提供了周到的考虑。空区与洗手间以半透明的玻璃屏相隔。

替代，外覆墙面上镶嵌着贝莎瓷砖，这是别具匠心的界限划分。洗手间提供了稍作休息的处所，让病人暂时从痛苦不堪的治疗中解脱出来，也让医院员工们从紧张繁忙的工作中暂时得以缓解。选用马赛克以营造消融的氛围，在数字图像中所有的紧张与问题都分解为易控制的成分。华美的设施装备尽显奢华，悬空的橡木组合式梳妆盥洗盆固定在墙边上，菲利普·斯塔克卫浴隐藏在半透明蚀刻的玻璃门后面。

洗手间里所有将机体比作机器的理念被推翻，取而代之是身体犹如需要倍加呵护的庙宇的信条。这些半隐私空间是芬克尔斯坦医生向病人示范全面诊疗方案的最佳例证。通过爽心、静止且缓和的环境，他们在医疗中心其他动态多彩内部装潢中营造了片刻的心神安宁。

本页图

病人洗手间与员工洗手间皆采用贝莎瓷砖铺设。卫生洁具简约精巧与奢华高雅并存。洗手间采用清爽的蓝白色设计，与医院其他部分内部装潢暖色调相辅相成。

右页上图

员工洗手间与病人洗手间的设施相同，但相对更为精简紧凑，凹槽与卫浴相隔较近。其剩余部分构成了淋浴区。

右页下图

平面图展示了病人与员工洗手间各自所在位置。有限的空间范围引领着建筑师选择公用设施。考虑到残障病人的特殊需求，病人的洗手间尽可能地扩大范围。

1–2 候诊室
3 员工室
4–5 咨询室
6 小木屋
7 物料缓冲室
8 石膏室
9 员工洗手间
10 接待处
11 病人洗手间

6
6
6
6
7
5
4
9
8
3
10
2
1
11

KU64牙科诊所
格拉夫特
德国柏林

本页图

此等候室创建了全新的牙科候诊室类型。这不再是充满恐惧与医学预言的地方，而是勾勒了组合座位与柔软舒适长椅的暗黄色风景图。

右页图

洗手间的主要特征是共用盥洗区与口腔保健区。玻璃槽在盛满水的脸盆里漂浮，顺势将灯光折射至天花板之上。玻璃面板上水流持续倾泻而下，为此空间平添了新鲜剔透的声音。

格拉夫特是国际化设计公司，在洛杉矶、柏林与北京都设有办事处。自从2005年引领时尚前沿的柏林西部的Q宾馆在设计媒体掀起不俗的反响与轰动之后，该公司便享有最令人兴奋、革新创造性强的企业之一的美誉。其合作伙伴沃尔弗莱姆·普兹、托马斯·威利梅特与拉斯·克鲁克伯格认为：室内装潢不仅仅是一系列静态建筑空间模块，而应该是具有故事体的诉说——犹如电影摄影术的情节串连图板引领团队酝酿出新的思维方式。

齐格勒医生的KU64牙科诊所设计理念在于与灭菌消毒彻底分离，咄咄逼人的美感通常与看牙医是息息相关的。格拉夫特自问以下问题："为何牙科诊所给人以生理与心理的紧迫感，甚至泛滥得无法自拔？为何它不能深化美丽、健康与福祉的含义呢？"

他们独具匠心地设计了沙丘风景图，由波状起伏褶曲地板构成，升起形

成墙并被类似形状的天花板反射。此空间兼容隐私、亲密与空旷广阔的视野，可根据顾客不同的需求及时变换。设施与技术器械均隐藏在储藏室雕塑里。

候诊室的两旁是诊疗室。牙科候诊室通常臭名昭著，原因在于这是充满恐惧与期待的地方，很难让病人的注意力从浓郁的药剂味与手术的声响里转移。KU64拥有广阔的空间，旁边设有露天阳台。在自由悬挂的壁炉旁边围绕着座位与柔软舒适的长椅，营造出沙滩唯美的情境。无线局域网向工作的人们开放，"沙城"设有视频与游戏，给孩子们提供无限的乐趣。接待处兼有咖啡屋的功能，燃木的气味与现磨咖啡增添了休闲娱乐之感。

从沙丘走到海边是段非同寻常的经历，海边指男女通用洗手间或格拉夫特所谓的"温泉浴场"。洗手间的设计不值一提，却提供了远离公共盥洗区与牙科诊疗区等建筑主要空间的私人规避所。这与等候厅形成了鲜明的对比，同时也补充了诊所整体主题中或缺的成分。充分驾驭以纯洁为理念的设计方案，以营造休闲放松，构造清晰，间接灯光与水文要素并存的氛围。

有别于传统牙科诊所如出一辙的无菌白色外观，KU64内部装潢接近自然且艺术感浓郁。玻璃槽在盛满水的脸盆里漂浮，顺势将灯光折射至天花板之上。玻璃面板上水流持续倾泻而下，为此空间平添了新鲜剔透的声音，唤起格拉夫特所言的"拥有自成一家仪式的未来主义岩穴"的观感。

随着牙科诊所的功能日益多元化，除了常规的检查之外，还提供预防咨询与美塑疗。KU64的设计营造了新类型以适应这新发展趋势。

病人置身其中可以忘却恐惧，并享受到通常只能在温泉浴场、咖啡厅与宾馆才能感受到的放松闲适之感。

CCA研究生中心
延森与梅茜
美国旧金山

本页图

内部装潢优雅别致且实用性强。所有的设施均向水管卫生洁具供应商科勒定制，并提供集装箱运输安装模式。

右页左上图

金属集装箱用起重机移放就位，并进行现场安装。

右页右下图

洗手间包括男士洗手间与女士洗手间，且易于残障人士使用。

右页右图

CCA研究生中心建于先前昏暗废弃的仓库中。建筑师们摒弃了原先的格局，墙体上外覆钢铁，另有聚碳酸脂天窗以保证良好的采光效果。独立的胶合板工作室折射出唐纳德·贾德杰作的缩影。

延森与梅茜对工程可能存在的限制条件使用诗情画意的方式处理，他们因此而享誉全球。

关于加州艺术学院的扩建，他们面临着将32间独立美学毕业生工作室即CCA研究生中心跻身于930平方米（10,000平方英尺）荒废仓库里的难题，此仓库位于主校区的背面。该工程必须在三个月内完成，可用资金也相对匮乏。使问题难上加难的是，此建筑有十年短期的租约，并且在地震多发与炎热的情况下完成，必须适用于包括残障人士在内的所有人。与此同时，原先的设计使整体空间缺乏自然光，给美学学生们造成诸多不便。

解决方案在于放弃原先的建筑布局且另谋出路。外覆波纹状的水泥板，并装有一系列聚碳酸脂双天窗。聚碳酸脂是一种能使光线散播到室内的半透明材料。水泥地板、外露管道与交叉连接的钢铁构成了内部装潢的主要内容，同时保持了建筑的美感。工作室外覆胶合板，长宽各为3米与3.7米（10英尺与12英尺），而高度则低于天窗的高度，旨在保证获得最好的采光效果。走廊环绕着工作室，在末端变得尤为宽大，可供展览所用。

为了充分利用空间，洗手间建在教学楼外的庭院内。秉承该工程预制的方针原则，延森及梅茜向科勒定制水管卫生洁具，采用可移动集装箱运输。这些产品出产前装备了相关设施、灯光、加热系统，并采用卡车跨国运输，用起重机定位且现场安装。长久以来，学生们使用着早已不想使用的各楼栋里年久失修的卫生设施。新建成的男女洗手间采用分列在两边的形式，优雅实用，经久耐用且易于维护。所有的卫生洁具都采用低流量保水设备安装。

由于可以从路边望见，洗手间已成为学校的图形标志。CCA扩建设计获得了AIA旧金山设计奖。评审团还称道："这是巧夺天工而制的洗手间，融合了单调低廉的材料，精心并置与细节设计升华了整体的品味观感。"

Tyvek

吉博力公司总部
Desingrichtung
瑞士乔纳

吉博力是独特创新、经久耐用与生态环保卫生洁具的主导提供商。于2005年，委托Designrichtung进行相应整修，其中包括门厅，接待处及一楼部分，力求为设计于20世纪60年代的建筑引入21世纪的潮流。

Designrichtung的杰罗姆·格萨格与克里斯托弗·海德曼的设计强调人性化。吉博力也曾于2003年委托他们在信息中心里设计供内部培训所用的展览区。设计理念在于"提供公开与半公开的便利"。穿越于三个区域之间，人们切身体会到以简便易行的方法营造美妙的情景是如此重要，灯光、材质、气味与色彩都影响着人们使用洗手间的情绪。

新建的外观模式与公司总部室内装潢的理念是与背面的培训中心相衔接，使内外部相协调互为一体。员工沿着北边的新前院可直接进入建筑内。入口、接待处与一楼的设计无大肆宣扬空间感，而是强调舒适感与欢迎气氛浓烈感。视觉的绝妙观感让在等候室里苦苦等待的人们饶有兴致地翘首以待，例如闪闪发光的窗帘上吉博力商标就有这神奇的效果。

本页左图

闪闪发光的窗帘令在等候区等待的人们放松精神并饶有兴致。

本页右图

一楼采用温和的色彩构造，高高而悬的天花板以及反射性强的地板。洗手间旁边的接待室选用单一的红色，给整体布局添加了惊喜的成分。

右页上图

接待室的天花板低垂，给人以空间狭窄之感，进而反衬旁边洗手间天花板高高而悬的美感。

右页下图

平面图展示了洗手间位于会议室的旁边及建筑的后部。

1 等候区
2 接待处
3 帘幕
4 接待处
5 接待室
6 会议室
7 女士洗手间
8 男士洗手间
9 电梯（通往办公室）

1
2
3
4
5
6
6
7
8
9
m
ft
3
10

男士洗手间与女士洗手间都位于一楼的后面，其设计理念是展示创新技术的情感价值。接待室天花板低垂，进而烘托出洗手间高高而悬的天花板。选用樱红的色调达到魅惑诱人及鼓舞人心的效果。一旦进入洗手间或盥洗室，树脂涂层的墙面都装饰着明艳照人的热带雨林图景，其设计者是西蒙·伯克哈特，他别具一格地为女士洗手间选用植物群，而男士洗手间则选用动物群。各式各样的图形与粉红色的反光灯由Designrichtung专门定制，在宽大的镜子映照下，空间显得格外宽敞明亮。令人眼前一亮的是在男士洗手间旁的图形，描绘了苍蝇在丛林中的图景。这讽刺意思是指传统概念里时常出没于卫浴里且人们据此就能直接找到洗手间的昆虫。

格萨格与海德曼认为，洗手间在任何内部装潢中都起着中心环节的作用。因为它提供了类似休息寓所的享受，令人们短暂地抽身于世俗凡事，并全身心放松休闲。在这里空间与健康紧密联系也得到了极致的体现，其他房间都无可匹敌。通常洗手间容易为人忽略，实际上却是设计师的创意可以得到淋漓尽致发挥的地方，只要是一丝不同寻常的观念便能唤起诸多的注意，并擦出闪亮的火花。Designrichtung设计吉博力时力求在功能性与突破性中寻求平衡，入木三分地体现出其设计哲学，即“通过司空见惯的日常现象，目睹好奇心再度在人们生活中起愈加不可忽视的作用。”

本页图

2003年Designrichtung设计的吉博力信息中心展览区。共划分为三个区域，色彩、灯光与材质在整体设计上产生不可忽视的影响。洗手间采用创新技术、图形以及特殊材质。

左页图

洗手间继往开来地推翻了无菌的白色等同于洁净无瑕的传统观念，采用热带雨林图案，空间整体显得生机勃勃。在女士洗手间脸盆旁镜子的映照下，空间无限放大，一望无垠的观感油然而生。灯具是由Designrichtung专门定制的。

03
酒店洗手间

美洲普尔塔酒店
多位建筑师
西班牙马德里

本页左图

接待区的洗手间为约翰·帕森设计。客人通过磨砂门进入这个空间。指示男女设施的图像被最大限度地削减。

本页右图

通过使用有限色调的材料及简约的线条，Pawson创造了一种朴素而奢华的氛围。

左页图

客人一进入，灯光就会被触发亮起，而水开始从水池背面的石灰墙上倾泻而下。

Hotel Puerta América酒店是独一无二的。超级明星建筑风格的聚宝盆带领客人们踏上一段穿越多种不同气氛的探索之旅。12层的每一层都由世界顶级建筑师或设计师设计而成，两个星期的每个夜晚来到这儿，您就可以置身于12种独特的环境。除此之外，接待处、餐厅、酒吧、屋顶水疗中心和地下车库，每处都由不同的人构建，使这里变成了个人空间概念的魅力展览。对这样规模的建筑来说不寻常的是，委托方Hotel Silken对创意或预算几乎不做限制。这使得参与该项目的建筑师和设计师可随心所欲地进行试验。每个人都从不同专业中精挑细选而出，拥有技术专长。他们是：约翰·帕森和克里斯蒂安·利亚格尔（室内设计师）；诺曼·福斯特、扎哈·哈迪德、矶崎新和让·努维尔（建筑师）；罗恩·阿拉德和马克·纽森（产品设计师）；贾维尔·马里斯卡尔（平面造型设计师）；以及维托里奥·卢奇诺（时装设计师）。每一位都完全独立于其他人单独工作，在一栋建筑里创造了16个各不相同的项目。

每一层的浴室设计显示了不同设计师所创造的各种各样的风格、外观和氛围。在7楼，Arad使用了LED Hi-Mac材料的工业组合式概念，将洗手间、浴室和淋浴合而为一。哈迪德在一楼的设计里保持了她一贯的风格，受数字启发的线条蜿蜒流动，再度动用了昂贵的Hi-Mac。英国建筑设计师工作室Plasma通过竞争获得了设计酒店的机会，因其设计的几何线条和复杂形状而出名，其风格体现在四楼富丽堂皇而棱角分明的浴室，而福斯特的二楼设计概念则是一篇关于优雅高科技的散文。

约翰·帕森设计的接待处和公共洗手间延续了他独特的简约风格。他的目标

是“在酒店的中心创建一片和平区”。洗手间区域复制了接待处的概念。顾客一进入这个用磨砂玻璃将其同酒店大堂隔开来的空间，一阵冲洗的声音会触发灯光和水沿着洗手池背面的石灰墙倾泻而下。墙壁和地板使用灰白的岑木，洗手池使用天然石材，空间的雕刻则使用了灯光，帕森使用有限的材料创造了一个朴素而奢华的室内。隔间门上的面板呼应了接待处半圆形的隔墙，将这片区域及电梯同供客人们可休息看报的宁静区域分隔开来。

设计了正面、屋顶水疗和12楼套房的努维尔为酒店的分散设计锦上添花：“当然，这不是一首交响乐，这是许多小曲调的集合。这是一夜的博物馆……这是一次轻松的操练，也是一次很好的经验。”

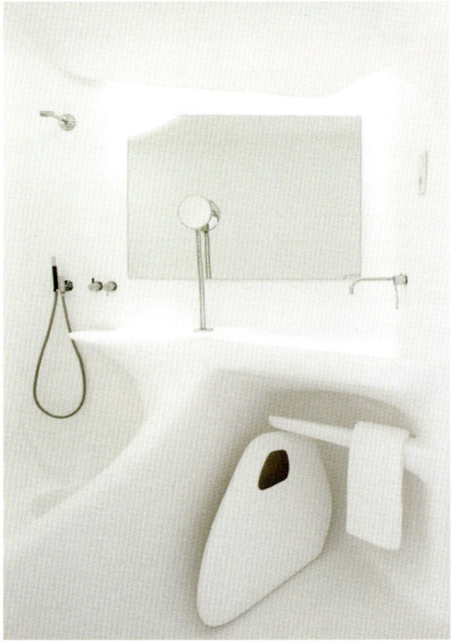

本页各图与左页图

各个楼层精选的浴室的视图显示了不同设计师所设计的不同风格、外观和氛围：罗恩·阿拉德在7楼使用了工业组合式概念（本页上图）；扎哈·哈迪德维持她一贯的风格，一楼的流动线条灵感来源于数字（本页左下与中下图）；诺曼·福斯特先生在二楼的概念是一篇优雅的高科技散文（本页右下图）；而Plasma在四楼的设计则富丽堂皇而棱角分明（左页图）。

蓝色天堂·雷迪森酒店
蒂哈尼
德国法兰克福

亚当·蒂哈尼被认为是美国卓越的酒店设计师，他名下有一大串的著名餐厅和酒店，包括世界范围内的Bice和Spago餐厅，罗马的Aleph酒店，伦敦文华东方海德公园酒店的文华酒吧以及以色列的Dan Eilat酒店和度假村。以一种现代派和享乐主义的方式使用豪华的材料、配件和家具，他所有的室内设计都给人一种生机盎然而出其不意的感觉。

法兰克福的蓝色天堂·雷迪森酒店有三个建筑师参与设计：约翰·塞菲尔特设计了房屋结构；马泰奥·图恩设计了客房；及亚当·蒂哈尼设计了酒店大堂、图书馆、休息室、酒吧、全日餐厅以及啤酒餐馆。

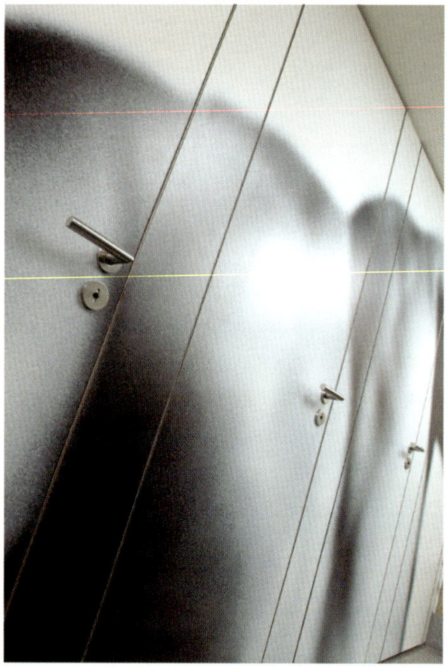

本页左图

大堂的特点在于它的开放性和流动性。重心是玻璃楼梯，延伸到悬浮的酒吧和会议室。它的栏杆雕刻成彩虹浮雕，反映了透明和反射的主题。

本页右图

小隔间的隔墙包覆了塑料外层，层压上了数码打印的照片。隔间的门没有框架或金属铰链，这样照片就可以不受阻挡地延伸到整个空间。

右页图

赤裸的女性剪影明晰而又微妙，她们在男洗手间隔间背后诱惑地注视着你，或者舞动着经过小便池。

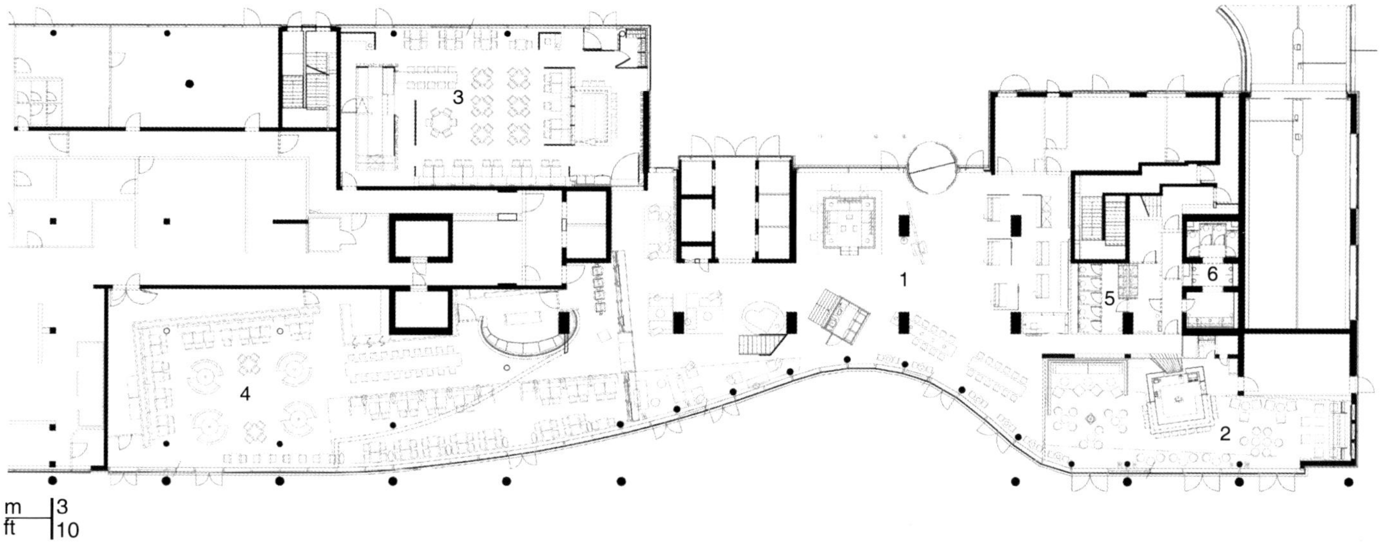

本页图

第一层的平面图，显示男女洗手间位于大厅的右侧。

1 大厅
2 雪茄吧
3 啤酒餐馆
4 餐馆
5 女洗手间
6 男洗手间

左页图

男女洗手间有相同的基本要素，通过洗手池的色彩和特定性别的图像进行界定。女洗手间有一个数码摄制的裸体男性躯体的图片，长度同于隔间。一个独立的不透明黄色玻璃水池因地板灯的巧妙放置而焕发光彩。

酒店的整体概念围绕着透明度展开。室内宽敞形似阁楼，通过建筑特色和家具而非隔墙进行界定。自由的布局及混凝土、玻璃和钢铁的使用为公共空间增添了一种奢华而工业化的气氛，直接呼应了这个城市的知识和金融方面。蒂哈尼是一位伟大的特定场景建筑的倡导者，坚持〝顾客应该能够感受到城市的节奏〞。

大堂的特点在于其透明的玻璃楼梯，将地下、悬浮的酒吧以及上方的会议室串联起来。一条醒目的彩虹已被层压到栏杆，在保证大部分透明玻璃的透明度的同时玩弄着光影。蒂哈尼说：〝从彩虹栏杆进来的光线给人一种美妙的感受……色彩缤纷的气氛增添了奢华感和独特性，而这正是我们要为蓝色天堂酒店尊贵的客人们创造的。〞

洗手间服务于第一层的设施且延续了室内其他部分的主题：舒适性、独特性、透明度、反射和光影游戏。而接待处和门廊遵循一种巧妙处理的美学，私人领域更为温暖与富有个性。蒂哈尼把握机会尽情玩耍与创造。

相互独立的男女洗手间设计上相辅相成，通过使用特定性别的图像和玻璃水池的颜色进行区分：女黄男蓝。地板同毗邻区使用同一色调，但用了深灰色巴西黑石，而墙壁则使用了当地的土色石材构造出现代派的梯形图。然而，设计的主要特色是性感图像的使用。赤裸的女性剪影探出小隔间，在男洗手间的小便器后面沿着墙壁舞动，而身材苗条肌肉发达的男性躯干拥抱着女洗手间塑料层压的门，这些都是定制的，没有框架或金属铰链，这样图像就可以不受阻挡地沿着表面延伸。蒂哈尼想要一种强烈的装饰元素，充满挑逗之意却高雅得体。不同于昆斯敦的索菲特酒店的洗手间（见92页），这些图像不会导致表现性焦虑，却巧妙而新颖地暗示了这些半私人半公共空间的私密性质。

索菲特酒店
摄影：Sheena Haywood
新西兰皇后镇

使用微妙的灯光、昂贵的材料和卫生洁具，昆斯敦的索菲特酒店的男士洗手间十分高雅。然而，这些洗手间虽然在设计方面不那么尖端，却毫无疑问因其颇为挑逗的图像在国内外吸引了众多眼球而变得闻名。它们在当地是相当热门的地方，以致男人们排着队等待享有这样的特权：在精选的该地区最美丽的模特儿的真人大小的照片前拉开裤子拉链。

这家建成于2006年的酒店很是舒适，但它的建筑风格和设计却平淡无奇。因此，开发商Perron想为二楼的男士小便器创造点特别的东西，以服务于酒店综合区的餐馆和购物区。最初的想法是在小便器后面装上一个大的特色玻璃墙用以描绘昆斯敦的独特意象。这一概念发展成为将图像融入景观，这样用户可将自己想象成为其中的一部分，站在蹦极的边缘或者山头。经过几次尝试，这个概念不可行，因此摄影图库被用于提出新的建议，其中包括一个在剧院看戏鼓掌的观众。然而，开发商仍然不满意，希望有一种更"前卫"的视觉冲击，因此委托昆斯敦摄影师Sheena Haywood拍摄一组图片，往窥视主题中添加性感。Haywood拍摄的一系列模特儿全都身着挑逗性的服饰，表情震惊，手握度量等工具。"拍摄过程很有趣，并做好一切工作，保证我们拍摄时那里没有任何男人"她说。

真人大小的图像的放置便于评判站成一排方便的男人们是否够格：一名女子持有一副双筒望远镜，另一位手拿卷尺；一个在拍照，另一个狐疑地举起眼镜，而第三个人则开始慢慢地脱下衣服。很难说这是否会造成表现性焦虑，

本页上图

索菲特酒店和商场二楼的男洗手间的特点在于小便器背后6米（20英尺）的摄影壁画。六名当地模特可以看到整个动作，而她们的脸则讲述着故事。

左页及本页下图

索菲特试图在常见的基础上改变图像。小便池图像为连锁酒店主办的昆斯敦爵士音乐节做了改变。

虽然众所周知，男性很难在有观众的情况下方便。一位先生曾说过，“蒙娜丽莎”的眼睛紧追着他的一举一动，结果他只尿了一半。

Perron或许采用了一种戏谑的方法，但这不是在洗手间第一次使用这样的噱头。Esther Derkx的“吻”小便池，用张开的两片性感红唇制成，销往世界各地。苍蝇和牛眼之类图像，鼓励在普通背景中寻找目标，而双向镜像隔间在时髦的夜总会洗手间随处可见。

因此，新西兰不仅有美景和羊群，还享有kinkiest小便器的声誉。如果你想要一个建议，测量长度的曲线身材的金发女是最流行的。索菲特现在正考虑用“同样抢眼”的东西装饰女洗手间。

里米尼酒店
罗恩·阿拉德合伙公司
意大利里米尼

本页左图

进入酒店需穿过弹珠鳍状门，该门将接待处框起使其成为酒店的焦点。

本页右图

外观的青铜一路蜿蜒至酒吧。酒吧本身是一个岛，有着蜿蜒的周边。顶端是青铜而侧面由抛光不锈钢制成，其发光的表面产生扭曲的反射。

右页图

它们不是带有浴室的房间，而是配备有床的浴室——它们是形成睡眠区背景的可丽耐湿室。

大教堂酒店藏于里米尼的小巷之中，是意大利最著名的海滨度假胜地之一。自20世纪60年代以来里米尼吸引了来自世界各地的游客。而鲜为人知的是，这个度假村是一个时尚及设计人士时常光顾的极富创造性的大学城，他们中的很多人出于业务需要来到这里。这正是大教堂酒店的主人Pierpaolo Bernardi，建造这家酒店时所设定的目标市场。

酒店坐落在一条艾米利亚－罗马涅地区典型的狭窄街道。一家旅店从20世纪50年代以来就已经存在于这个地方，但它是个过时而破旧的家伙。罗恩·阿拉德将其原有的外观镀上了一层青铜，蜿蜒进入大楼形成酒吧的后墙，止于一排长座的侧面。酒吧本身是一个大岛，其青铜顶部由曲线和壁龛连接，形成私人饮水就餐区。侧面由抛光不锈钢制成，不规则放置的支柱亦如此；发光的表面产生以扭曲的“魔菇”形式反射着那些来自纽约、米兰和伊比沙的正在吃喝、聆听DJ的人群。

整个工程的杰作是其接待处，主导着整个大厅。就像一个尚未停止旋转的硬币，不锈钢圈戏剧般地倚着一个由一根抛光钢柱支撑着的角。客房也同样独一无二。它们不是带浴室的房间，而是配备了床的浴室——形成睡眠区背景的可丽耐湿室。

银色的公厕设在地下室，补充了它

所服务的一楼青铜酒吧。

通过一个楼梯可到达这里，而楼梯在两面全高抛光不锈钢镜墙之间。闪闪发光的坡道为底下的日用区域做着准备。黑色树脂地板、亚光黑色墙和天花板的地下室加强了设计成玻璃灯箱的洗手间。男女共用的洗手间有2个入口和4个小房间。在意大利，酒吧和餐馆有一个小型的男女共用的洗手间是很常见的，但其形式通常是一个装有马桶和洗手池的单间。Arad的概念是详细表达想法。主墙是玻璃，这样就可看见从走廊到洗手间的公用洗涤区之间的一切。玻璃墙后面是一个单一的大型全长不锈钢洗手池，装有四个水龙头。每一个水龙头前是一个双面圆形镜——玻璃层三明治。客户不用进入洗手间就可以整理着装，也可以在用完马桶后在隐私得到保证的前提下清洗一番。所有洗手间的墙壁均安装了镜子或照明玻璃面板，产生惊人的无穷反射。

Arad负责大教堂酒店的一切，从建筑到配件、家具及图像。以有机形式、材料实验、夸张的构造形式和尺寸的大扩张而著称，Arad创造了一家目的地酒店。在里米尼您有一千多个地方可待，可只有这个地方会让您感受此般戏剧性。

本页左图

从浴室看走廊，不锈钢洗手池沿着玻璃墙的全长延伸，追逐光的反射。

本页右图

所有洗手间的墙都安装了镜子或照明玻璃面板，产生惊人的无穷反射。

右页上图

洗手间的主墙与圆形双面镜安装在每个洗手池之上。顾客不需进入洗手间空间，在走廊就可以使用镜子。

右页左下图

地下室的平面图显示了服务于上方酒吧区的男女共用的洗手间的位置。

1 男女共用洗手间

右页右下图

地下室的树脂地板和亚光墙壁是全黑的，加强了洗手间闪闪发光的宝石般的品质。

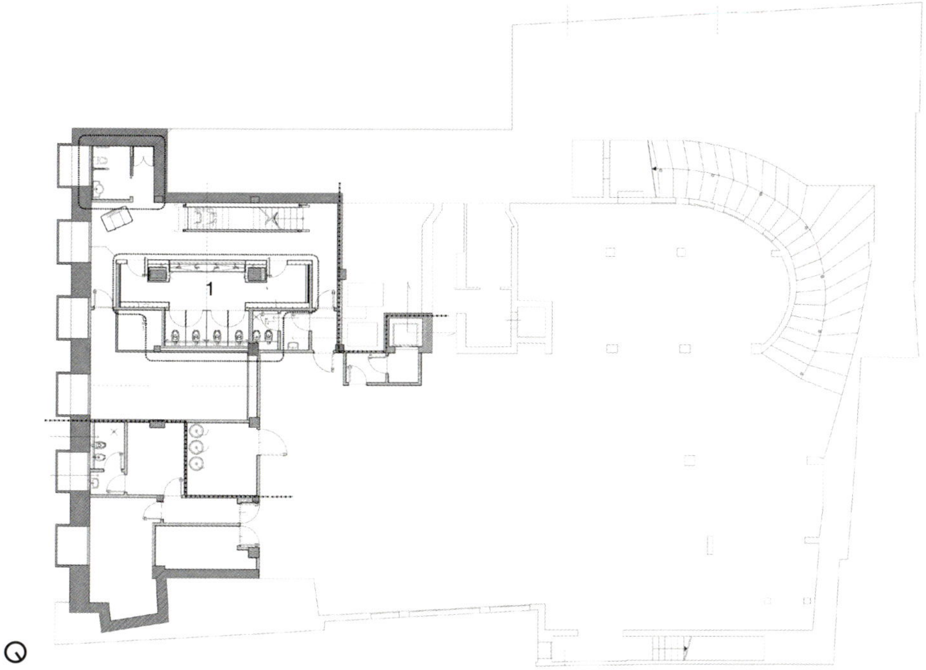
1

劳埃德酒店

MVRDV同 Christian Seyforth、Atelier Van Lieshout联合之作

荷兰阿姆斯特丹

本页左图

预制洗手间构件在雄伟而庄严的劳埃德酒店正面的前方，该酒店由建筑师Evert Breman于1921年建成。

本页右图

Snel（快）餐厅是酒店的重点，位于MVRDV明亮而开放的中央大堂，这个大堂还包括在一系列吊箱和平台里的文化使馆。

右页图

公共浴室服务于不具备洗浴设施的二星级客房。除了对单调的乳白色瓷砖进行轻微修复以及提供一些现代设备外，室内大体维持它在20世纪20年代建造时的模样。

受荷兰轮船公司的委托，Koninklijke Hollandsche Lloyd，即劳埃德酒店建于1921年，为驶往新世界的东欧移民们提供住处。在二战期间，纳粹接管了酒店，将其用作监禁中心。在德国占领期间该酒店一直作为监狱，直到1963年成为少年犯惩教所，最后成为破败、几乎被遗忘的艺术家们的地盘。

劳埃德酒店位于阿姆斯特丹前东部码头区，Oostelijke Handelskade，是该地区近几年进行的大规模重建计划的中心。翻新授权给了MVRDV和Christian Seyforth以及室内设计师/艺术家Atelier Van Lieshout。他们的职责是向该建筑盛衰无常的历史致敬，同时为餐旅业打造新的企业。酒店不仅为客人服务，还作为阿姆斯特丹人的社交中心，他们在此可享受24小时营业的餐厅和酒吧，在精心设计的图书馆阅读，或通过其文化使馆参与艺术活动。

内部空间的大部分以及雄伟而黯沉的外观都被列入文物保护建筑名录。MVRDV整合了保留区：外壳、旧售票处、木镶板和包括大多数的卧室在内的明亮开放的现代空间的铺砖工作，外加高达六层、包含Snel（快）餐厅与文化使馆的中央大堂。

120个客房均独一无二，从经济的二星级到奢华的五星级住宿应有尽有。最便宜的房间未设浴室，但提供了蓬松浴袍，方便客人们下楼到较为简陋的公共洗手间和淋浴房，除了对其原有的单一的乳白色瓷砖进行清洗并加入一些红色天竺葵外，这两个地方自20世纪20年代以来大体维持不变。在该服务范围的另一端，较昂贵的房间都有由Atelier Van Lieshout（AVL）专门设计的浴室，其特征为仅使用一块隔墙以最大程度减少空间大小。不同的套间被赋予了不同的概念，而各卫生单位形成了这些套间的重要组成部分。由色彩缤纷的聚酯纤维制成的雕塑的放置被认为是AVL的作品。打开定做的悬臂式箱子就可看到浴缸和马桶，而在某些情况下，爬上梯子才能到达淋浴室。

因模糊了艺术、建筑和设计的界限而知名，劳埃德的洗手间并不是AVL设计的第一个组合式洗手间。1999年，他们为鹿特丹布尼根美术馆的咖啡馆创造了一间生物形态的洗手间。在Llyod，聚酯纤维涂层泡沫的迷彩装置看起来像一尊达达主义雕像，其明亮的绿色室内和开放式的设计使用户们将其看作一种艺术形式兼实用的洗手间。

本页上图与左页图

120间客房均独一无二。AVL的浴室加强了每个室内的概念。大多数的卫生单元由聚酯纤维制成（上图），但隔音音乐室（左页图）则用了五星级的全套装备，其墙壁由胶合板制成。

右图

为鹿特丹布尼根美术馆的咖啡馆所建造的生物形态的洗手间，由AVL在1998年设计而成。

Ballagio酒店Prive俱乐部
蒂哈尼
美国拉斯维加斯

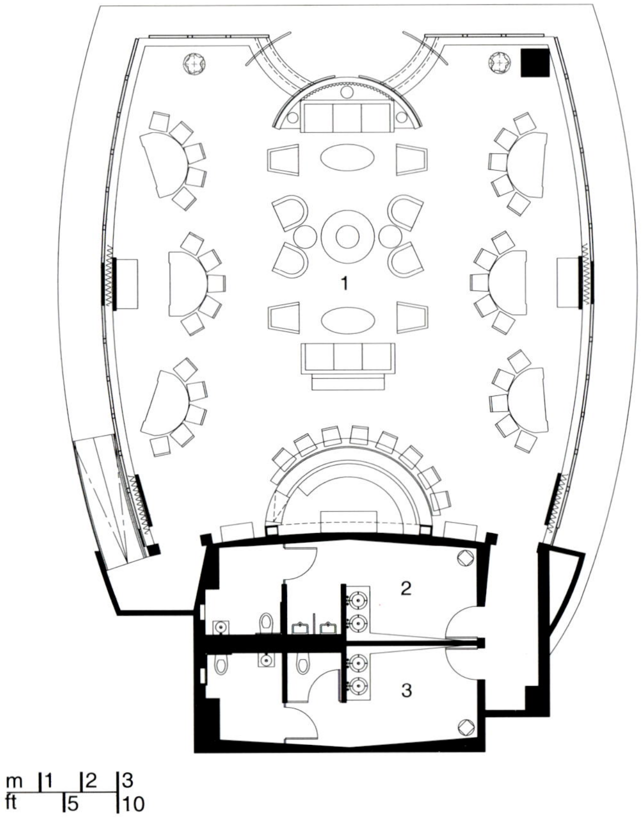

Privé俱乐部是Ballagio酒店大综合区内的一个高级的娱乐室兼酒吧，Ballagio酒店是沿拉斯维加斯不夜地带排列的大型酒店和赌场之一。

亚当·蒂哈尼受托建造这一相对较小的区域，并作为世界顶级的酒店设计师之一，为将豪赌人士和他们的财富分开的环境添加一丝优雅感。

作为特定场景建筑的坚定支持者，蒂哈尼试图传递一种同他的工作环境的联系，只要富饶依旧，Privé俱乐部就会同Ballagio内其余的室内部分融为一体。然而，这种精英私人空间的设计是独一无二的。活动地板加强了空间的奢华感。其概念是产生一种欧洲感觉，用装饰重点让人想起奢华的艺术装饰时期。天花板和地板使用强烈的几何色彩进行装饰，以补充娱乐室的富金属、黑木、玻璃及银箔装饰的隔墙。酒吧和休息室的镀亮铬、桃花心木、长毛绒和小牛皮家具装饰材料增添了一种豪华感，使人们想起20世纪20年代和30年代大远洋轮船的现代派气息。为了中和室内的固体性，彩色玻璃嵌板和吊灯的运用实现了巧妙的照明。

洗手间的设计目的是补充休息室。男女区域做了对称相邻的布局安排，其入口并排而立。这两个区的主要特征是抛光不锈钢洗手池，同镜面墙成直角安置。映像产生了一种形似回转仪的雕塑元素，固定装置和管道加入了整个构造。洗手池和大理石柜台被不锈钢环分开，向下照射的聚光灯通过这些环将灯光投射到地板，形成一个个光环。发光的钢铁和大理石表面轮流将图案反射到天花板。光影的动态相互作用产生了一种明暗效果，使得整片区域生动起来。墙壁由交替纹理的红木平板制成，为机械时代风格的室内增添了暖感，同时加强了照明对比。

蒂哈尼曾在拉斯维加斯工作多次，他认为这个城市“从建筑上、人口上及文化上都是独特的”。这座致力于创造和传递幻想以及制造娱乐的城市是展示他豪华的娱乐主题的杰作的理想之处。对蒂哈尼而言，拉斯维加斯为他提供了一个试验机会。许多赌场、酒店和度假村都在争夺客户，因而对重建的需要不断增加。在这一切皆有可能的地方，设计师获得了经费预算，就像在世界上任何别的地方，设计在这里销路很好。

本页图

两间洗手间的主要特点是其雕塑洗手池元素，来源于对结构、灯光以及映像的组合，而在地板和天花板的投影使其更为生气勃勃。

左页上图

奢华的Privé俱乐部背后的概念使人想起艺术装饰休息室豪华的室内。

左页下图

平面图说明了空间背后洗手间的位置。男女设施并靠着，互成镜像。

1 Privé俱乐部

2 男洗手间

3 女洗手间

甘斯沃尔特酒店Ono
杰弗里·比尔斯
美国纽约

除了亚当·蒂哈尼和大卫·洛克威尔，杰弗里·比尔斯亦是美国设计师的三巨头之一，对美国餐旅业有巨大影响。他认为，餐饮的未来是娱乐。他解释说，“我带给餐馆概念的，带给我所建造的餐馆和空间的是一种戏剧感，或者说让客人置身梦中。我们在这拍电影呢。”

Ono位于时髦的曼哈顿肉类加工区的甘斯沃尔特酒店(Gansevoort Hotel)，是他与厨师兼企业家Jeffrey Chodorow合作的最新力作。继中国烧烤（China Grill），托斯卡纳（Tuscan）和拉姆丛林（Rum Jungle）大获成功之后，同时提供传统和现代日本料理的餐馆、酒吧兼东方风味的露台餐厅备受期待。

这一设计的概念基于四个要素——水、火、大地和天空——比尔斯将其发展为一个提供用餐体验的多层次场地。它拥有一个开放式厨房、喷着火星的炉边烧烤、半私用榻榻米小房间、花园小屋（其中一个装有日本浴缸），日本黑帮纹身的墙壁大小的画、玻璃底寿司吧以及怪诞的洗手间，被戏称为“技术上的”奇迹。

屋前雅致的设计和悦人的照明在室内发挥了重要作用，使客户看起来健康而且感觉良好。阁楼式主餐厅是一个巨大的空间，放置着深红色长条软座和光滑的乌木桌，朴素而精细的光点和悬挂在空中颇似东方纸灯的吊灯照亮这一切。这三层由一个巨大的楼梯连接着，而楼梯位于放满特大号日本清酒酒瓶的背光式墙壁之前。

本页左图

主要的三层就餐空间由一个楼梯连接，该楼梯位于放满特大号日本清酒酒瓶的背光墙壁之前。室内的整体氛围是热情而沉郁的，体现在其黑色的色调和暖调的家具上。

右页图

洗手间为一个位于中心的环形公用清洗区所主导，铺满亮色的马赛克，从主就餐区就可清晰地看到。男女洗手间占据了主要空间。其显著特点在于独立式可丽耐和抛光不锈钢洗手池。

洗手间被认为偏离了餐厅黑暗而沉郁的格调，突然加强了色彩和亮度。该区域的主体是一个被惹人注目地点亮着的可丽耐和抛光不锈钢制成的悬浮公用洗手池，深色的木质家具被一个环形彩色镜子和马赛克瓷砖墙壁包围着。中央的圆形空间是一个焦点，从主用餐区就可清晰地看到，有助于将一个亲密环境里的男士和女士牵引到一起。单独的浴室位于公共空间的两边。这些洗手间灯火通明，用特地为男女选择的强烈互补色装饰：女士为红色而男士为深青色。所选用的不锈钢饰面和醒目的颜色同餐厅的暖色调形成对比，达到一种就餐区和洗手间阴阳对比的效果。照明和反射是强化感觉的关键因素。在公共领域，圆形镜子反射着光线，将整个空间包裹在环境光中，而发光的表面和壁挂式镜子使小小的洗手间看起来更大。

不像许多其他建筑师，设计洗手间来补充室内设计的主要概念，比尔斯选择了一种对比的美学，带领着用户通过公共区域从一个极端走向另一个极端，而这公共区域在实体上及视觉上都同两个区域相互联系。整体上为餐厅增添了戏剧而性感的氛围。

本页下图与左页上图

男女洗手间明亮而多彩，装有不锈钢墙和磨光的门及隔墙。女士空间主打红色而男士空间则是深青色。对比鲜明的颜色和饰面产生了一种阴阳对比的效果，和主就餐区的暖色调相辅相成。

左页下图

贵宾洗手间位于二楼，拥有最新的Toto马桶。虽然这些具备全自动清洗、干燥和音乐播放功能的非常现代化的产品已上市数年，但是它们仍然是一个热门话题。

The Hotel酒店Mix餐厅
帕特里克·朱伊恩
美国拉斯维加斯

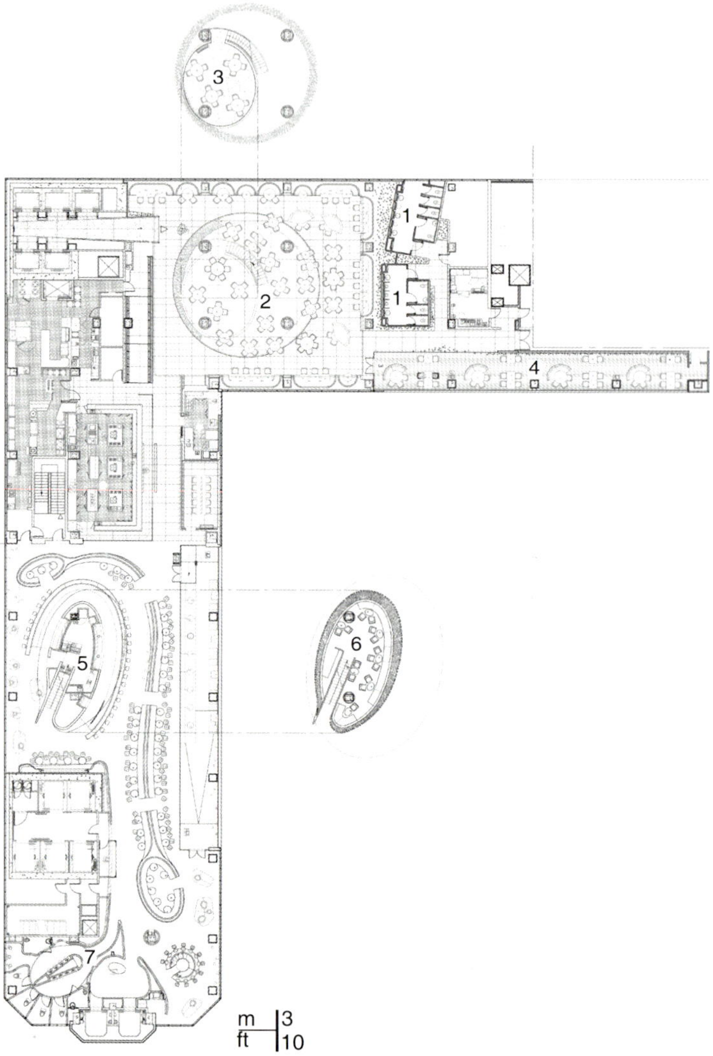

帕特里克·朱伊恩是世界上一些最美丽餐馆的建造者，这些餐馆结合了诗歌、情绪和室内的阴柔敏感的氛围。他认为自己既不是设计师也不是建筑师，而是“空间DJ”，用灯光和材料的技术试验创造更多的可能性。

Mix餐厅位于曼德莱旅游度假集团THE hotel酒店顶上，可看到拉斯维加斯著名地带和周围沙漠的奇妙景色。穿过一条黑暗的锈色走廊可到达主就餐区，该走廊是一个戏剧性的设计，故意降低期望值，使进入餐厅的人们有眼前一亮的感觉。双层高12平方米（129平方英尺）的白色空间弥漫着各种灯光，在庞大的8米（26英尺）吊灯下发着微光，超凡而脱俗——吊灯由15000颗人工吹制的透明水晶玻璃“泡泡”制成，当中一个银箔贴饰的VIP休息室看起来像漂浮在空中。跟随着但丁踏入地狱的步伐，审美上，狂热的红色休息室就像餐馆精妙的娱乐表演一样触手可及。空间的主体是包括私人饮水区的涂漆纤维玻璃酒吧，对着天花板喷射“火焰”和“火花”。

提到洗手间，朱伊恩很清楚这样一个事实：他在Mix所做的一切都要同景色斗争。他在餐厅和休息室创造了令人眼花缭乱的空间，但在洗手间的设计中，他将世界作为背景；该地区的主要特征是拉斯维加斯本身。位于休息室末端的隔间和小便器面对着从地板到天花板的窗玻璃。大理石墙壁、天花板、地板和卫生洁具是光洁的黑色，所达到的效果是使一切都消失，只剩下反射到窗玻璃中的使用者，盘旋于这个城市的灯光之上。对朱伊恩来说，洗手间是建筑师可以创造惊奇的空间。在Mix，设计师似乎做得很少，或者说他竭尽全力使实体消失以加强空灵感。有了群星闪烁，还需要什么设计呢。

本页图

洗手间是一些发光的黑色盒子，在从地板到天花板之间的窗玻璃前消失了，只剩下使用者飘渺的画像，盘旋于拉斯维加斯的灯光之上。

左页上图

平面图展示了两套洗手间。200-cover餐馆的那些洗手间在建设过程中由于预算限制被简化了，并没有展示在这里。休息室洗手间位于300个座位的酒吧的末端。

1 餐厅洗手间
2 餐厅
3 贵宾室
4 入口走廊
5 酒吧
6 私人饮水区
7 休息室洗手间

左页下图

餐厅（右图）和休息室（左图）是天堂与地狱的景象。审美上形成强烈对比，他们都是奢华的奇观，试图同拉斯维加斯壮丽景观展开竞争，站在这座建筑的屋顶就可以看到该景观。

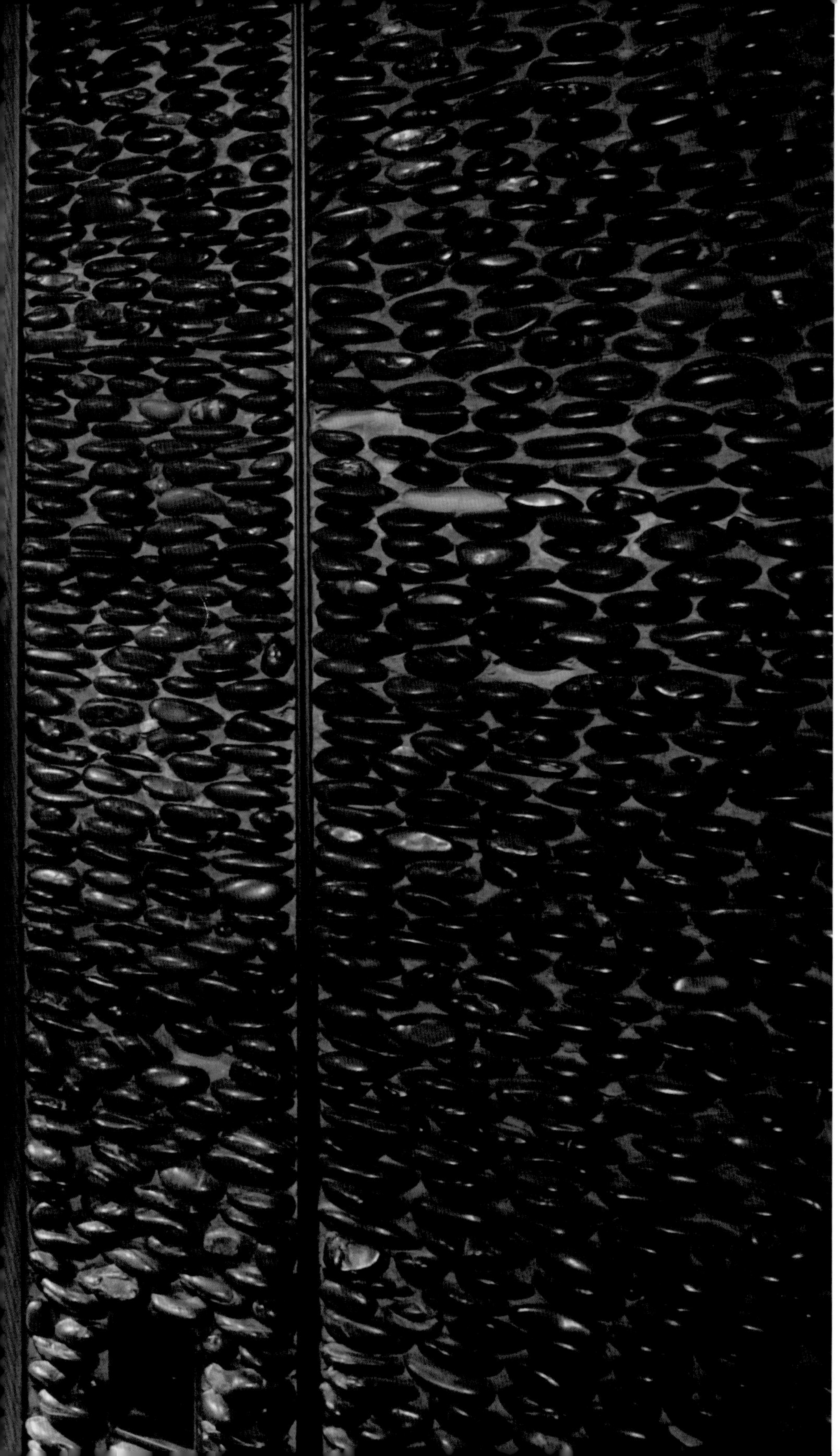

04
餐厅洗手间

莫斯科邦餐厅
菲利普·斯塔克
俄罗斯莫斯科

享誉全球的设计师菲利普·斯塔克的作品注定是倍受推崇的，退一步来说，至少也是媒体关注的焦点。莫斯科邦是他的餐厅系列的第三份设计杰作。相较极具异国风情且令人毛骨悚然的莫斯科邦而言，精致典雅的巴黎邦和邦二系列更显品位尊贵。

斯塔克的最新设计莫斯科邦耀眼华丽，恰似美轮美奂的巴洛克式盛典，与德拉克拉伯爵的特兰西瓦尼亚城堡里的餐厅相得益彰。情侣们踩着热情的舞步，欣然起舞于鹰头王座遮住的壁画旁。巴卡拉烛台渗出的蜡泪滑落在桌子上，灯座标识着世界通用货币符号，昏暗的灯光提醒着你并非置身于为此设计融资的亿万富豪俱乐部之中。斯塔克为弗洛斯设计的镀金卡拉什尼科夫冲锋枪，集尊贵与功能性于一身而名噪一时，支架凸显出旋转的铁丝网装饰着架子，奢华雍容的珠宝与彩色玻璃窗映入眼帘。此情此景甚至能令威廉·布莱克悲痛欲绝，彩虹的光芒映射在就餐者身上。顾客们在摆设凌乱的椅子上就坐。为了维持着哥特式的美感，有些破损的椅子被涂上树脂。在白天的微光下，一切透着淡淡的静谧。品尝着定做的利摩日瓷器盛装的食物，品味着精致酒杯盛装的美酒，人们被美妙的内部环境深深吸引，美化了三位一体的性、暴力和食物的概念，令人流连忘返。

本页图与左页右图

女士洗手间比男式的采光更为明亮。然而，涂鸦艺术传递出反对谋杀和叛乱的信息，勾勒出了亚历山大女王被布尔什维克强行带走后其洗手间的模样。

左页左图

拥有着奢侈的内部装潢的巴洛克式餐厅，美化了三位一体的性、暴力和食物的概念。

本页图

男士洗手间是黑暗的化身。彩色的玻璃窗户描绘着十字架上的基督，并且显示出明亮的巴洛克式的镜子交互映射的景象。

右页图

男士洗手间内墙透着淡淡的昏暗，彩色玻璃面板上众多火红的宗教图腾相互辉映。

这个城市因极度奢华而冠名，或者斯塔克用讽刺的手法表达了他对一个城市的反感，并以半开玩笑的语气评论“没有品位的富豪”；或者斯塔克会令你相信那仅仅是奢华混沌的创作，此餐厅与真正意义上的成功之作还相去甚远，甚至连单纯因爱而存在的桌子也没有，一切只是为了金钱，仅此而已。

如果一掷千金后，你想要去厕所，洗手间一如既往地延续着暴发户尊严的主题。由于默示的彩色背光玻璃上画满火红的宗教图腾，男士洗手间比较黑暗，且伴着令人浮想联翩的不详的预感；而女士洗手间则以高雅的哥特式风格装饰，与笼罩在黄蓝色的阴影下，抹满泥灰的暗墙形成了鲜明的对比。同样都使用华丽的镜子、烛台和黄金装饰品，但令人吃惊的是，各自通过设计鲜明的涂鸦向如今富有的民众们劝诫谋杀与反叛的不可行性。

诺布·伯克利餐厅
大卫·柯林斯工作室
英国伦敦

诺布·伯克利餐厅标志着国际大厨松久信幸的同名系列餐厅的最新杰作。此餐厅提供亚洲一些国家和秘鲁的众多菜品，跨越香港与曼哈顿，覆盖了诸多美味佳肴。大卫·柯林斯工作室享誉全球，诺布·伯克利餐厅即出自大卫·柯林斯工作室之手。其建筑风格在于：将装饰性和建筑性有机地融合于奢华而经典的伦敦餐厅内部装潢之中。主要设计成果包括：彼得勒斯、蓝色酒吧、沃尔斯利等等，不胜枚举。

此地价位高昂且独霸一方，曾是梅费尔俱乐部的旧址。然而，松久信幸却选择此精华之地以引入新型非正式的用餐方式。在设计诺布·伯克利餐厅之时，避开了过于强调装饰性的视觉效果。大卫·柯林斯的设计与此理论互补不足，相辅相成。

为了实现餐厅配料与香味新鲜自然的承诺，柯林斯摒弃一贯使用的种族图象。取而代之的，他选用树木作为基本主题，与木头、石头和金属这些基本原料相结合，进而形成一系列的空间图形。无论从建筑观感还是从理念来说，这些图形都衔接得天衣无缝、浑然天成。主题在某些部分体现得非常明显，可见于柯林斯亲自设计的蔓延树木灯光雕塑，树木的枝干舒展在酒吧背后。马尔科姆·希尔在接待厅缔造了一幅抽象森林壁画，然而在餐厅内部明亮的地方，长达10米（33英尺）的树木挂毯填补了这份空白。在餐厅的其他角落，微微发亮的森林的周遭相伴着柔软的石灰墙面，色调由金色退化至银色。上至顶端时便弯曲形成片片树叶，树干沉沉地包盖于丝滑的金属里。

本页图

楼下的休息厅采用树木为主题。树木灯光雕塑出自大卫·柯林斯之手，并主导了酒吧的整体布局。闪闪发光的金属塔器形成了树干，并支撑着天花板延伸。

右页图

刻意加粗醒目的血红色的图像，由镜子折射出多层的效果，这成了男士与女士洗手间所共有的风景线。

本页图

洗手间位于底楼的楼梯井旁，通常男士洗手间比女士的占地面积更大。

1 男士洗手间

2 女士洗手间

3 等候室

左页图

污水槽由石灰岩制成，以凸显此餐厅贴近自然的主题。墙面都是用意大利石灰泥手工涂抹。

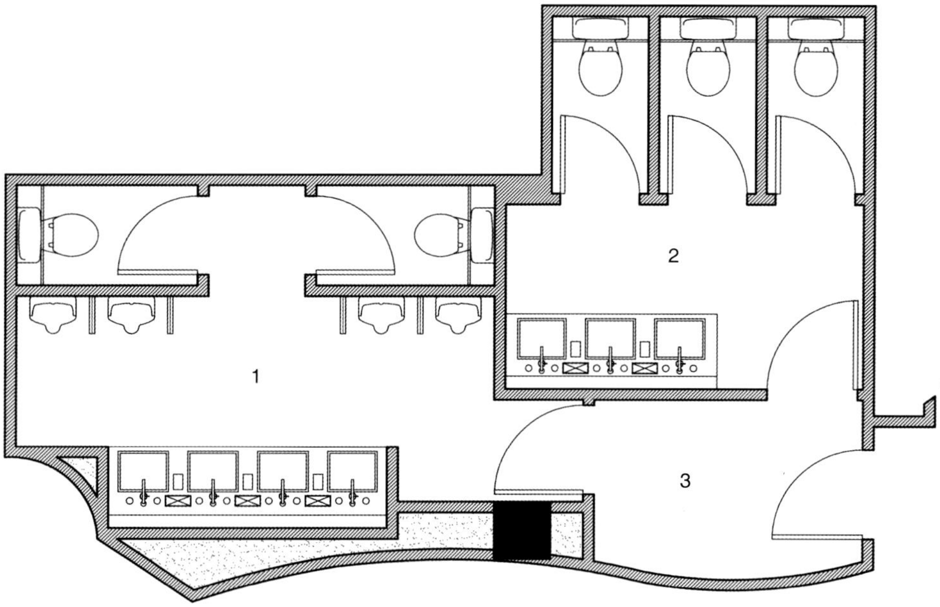

男士和女士洗手间位于在底楼的楼梯井旁，即是酒吧和餐厅的客流必经之地。通常男士洗手间比女士洗手间的更为宽敞，或者两者的所占空间相同。洗手间的设计与建筑物前方的设计奢华可谓并驾齐驱，却与餐厅沉静的现代气息形成了鲜明的对比。从进入的那一刻起，就会看到刻意加粗醒目的血红色的图象由镜子折射出多层的效果，周围昏暗的色调给此情此景平添了一缕基调。墙面用意大利石灰泥手工涂抹，格外厚实，而地板是耐磨的灰色石灰岩铺成的。柯林斯认为人们使用洗手间的时候自信和吸引力是同等重要、缺一不可的。构造良好的内部环境给人以持久耐用之感，并令人觉得自己身处安全的环境之中。然而灯光点亮并增强了此设计的主要功能，并给顾客以愉悦之感。功效性是柯林斯设计的立足点，返归于亮度与维修的简易性。设施依然延续诺布的返璞归真与优雅尊贵为审美主题，污水槽由石灰岩制成，卫浴则选用内凹轮廓的构造。

柯林斯说："我从诺布·伯克利餐厅获得的灵感和理念是贴近自然如行云流水的设计，有机的融合外出就餐的所有方面，包括酒吧、休息室、甚至是深夜起舞的情景。此餐厅是为诺布·伯克利量身设计的，集特制材料与完美艺术效果于一体。

森本餐厅
安藤忠雄
美国纽约

本页图

搁置一旁的纺织天花板由玻璃纤维固定着，构成了餐厅的主要格局，日式花园的布局模式是如此昭然若揭。就餐区与底楼休息室之间由一座双倍高度的围墙相互连接，此围墙由17400个瓶子制成，是洛斯·拉古路夫为泰·南特的杰作。

右页图

客户要求所有的设施都必须是白色的。周围的灯光令客人倍感舒心，聚氨酯制成的门在映衬下闪闪发光。

森本餐厅以其主厨森本正治命名，备受赞誉的斯蒂芬·斯塔尔即是餐馆老板，他在费城也开了一家连锁店。斯塔尔被冠名为单枪匹马将费城划入美食世界版图的大功臣。在过去10年间，他召集了誉满全球的设计师创造了12个用以烹制美味佳肴的设施，这些著名的设计师包括大卫·洛克威尔、凯瑞姆·瑞席以及印地·马大维。森本餐厅和其连锁店布达堪相邻，位于纽约时髦的肉品市场区。这是斯塔尔入驻曼哈顿顶级饮食领域的首要战略举措。

斯塔尔意识到设计在当今竞争激烈的市场上占据着重要的位置，想要给自己的现代日式餐馆注入一些新元素。他聘用普利兹克奖获得者安藤忠雄为设计师，他的设计采用简约的几何图形形式，与混凝土的观感融会贯通，他也因此誉满全球。森本餐厅是安藤的首份餐厅设计，也是他在纽约的第一份工程项目。此设计并非全然是日式风格，而是由精细、单色的材料构成了禅宗韵味，给内部环境增添了浓浓的温馨感、质感与触感。安藤对混凝土的观感独特的驾驭能力，受灯光主题的影响而有所升华，灯光混合的色调平添了宁静的氛围。表面在灯光的映射下闪闪发光，半透明的层次感凸显材质的恰到好处。

安藤认为楼房设计不仅是机械的创造，而且能激起情感上的共鸣。他的建筑融合了人造性和幻想性，并与自然有机地结合起来。森本餐厅里悬挂的纺织天花板由玻璃纤维固定着，构成了餐厅的主要格局，并显示日式花园是如此昭然若揭。"水墙"（设计者：洛斯·拉古路夫）长达6米（20英尺），由17400个矿泉水瓶修葺而成，时暗时亮的交替灯光给人以阳光照耀水塘之感。休息厅里透明的酒吧，镶嵌着脉纹清晰可见的树叶和拉古路夫为顾客量身订做的各项设施。此景跃然于眼帘，与建筑交相辉映，增添了人性化和自然化的高雅基调。

洗手间是餐厅里最富有日式传统风格的部分。在这里，水、混凝土、灯光和自然得以完美的融合。它传承了日本传统建筑的风格，并与现代独特风格相得益彰。

男士与女士洗手间位于休息厅毗邻的底楼走廊的一边，除了男式的卫浴以外，其他的设计都如出一辙。设计师要求所有的家具设施都采用白色的色调，水龙头是感应式的，当有人进入洗手间时，卫浴座圈会自动抬起。电气烘手器安装于镜子底端的边缘，凸显出此设计精简空间的特色。灯光效果素来是安藤作品中的主导因素，他发明了洗手间里迂回的反射光照明模式。乳白色的聚氨酯门在灯光的映照下熠熠生辉，一进入洗手间，这奇幻的效果就随之上演。每面背墙上都装着无限大的镜子，上面有许多季节性盛开的花朵图样，形如冬日的柴藤、春日的洋李、夏日的樱花以及秋日的鸡爪枫。安藤创造了缥渺冥想的世界，感觉胜似从魔衣橱进入魔幻王国纳尼亚，与熙熙攘攘的餐厅有着百万英里之隔，与曼哈顿警声四起的街巷遥遥相望。

左页图

卫浴采用顶尖水准的高科技日本东陶公司的产品。该公司产品可为顾客量身定制，其中包括自动的卫浴座圈、冲水系统以及低端净水喷射器和除臭器。

右页图

季节性花朵布满了镜子，袖珍式的洗手间在镜子的映射下显得分外宽敞。

“P”食物与美酒餐厅

西蒙尼·迈克利

意大利都灵

右图与左页图

餐厅的内部（左页图）设有柔和亲近自然色调的墙面，以及栩栩如生的多媒体效果。这与美酒餐厅（右图）形成了鲜明的对比，后者采用具有反射性的玻璃、金属以及薄板以提升建筑的视觉美感。

“P”食物与美酒餐厅以及酒吧建立于2005年，旨在把握2006年在都灵举办的冬季奥林匹克运动会的良好契机，向世界访客介绍皮埃蒙特的美味佳肴。

由于它短暂性的功能价值，餐厅的内部装潢伴着些许的飘渺之感，并遵循着具体的建筑理念。色彩、图像、声效、灯光、品位与系统的各种建筑材料相结合，从真正意义上统一了概念性和实用性。西蒙尼·迈克利在这有限的空间里融入图像、服务生制服与设施，他对此定位在于人们与建筑空间以及食物关系的协同作用。

白色的硬纱窗帘遮盖着三面墙体，窗帘随风轻扬，打破了思维定势的静态模式。第四面墙镶嵌在闪亮黑色的薄板上，地板则是阳极化处理的铝板，实现了柔和自然与坚实工业化相结合。霓虹灯在窗帘顶端折射出光芒，灯的亮度可以调节，并泛着紫红色的荧光。白灯安装在不同的高度，随机地映照着墙面，一切显得生机勃勃。在设定的时间到来之时，所有的灯光暗下来，窗户和门都被电子百叶窗紧紧地覆盖。设计者别具匠心地将皮埃蒙特的雕塑置于薄纱之上，看似柔和且纹理清晰，美不胜收的图景渲染了平淡无奇的生活。

另外，其他房间也将雕刻形式与闪亮的反射性薄板，以及金属面板相结合。其中包括油气积聚地区、销售点、餐厅、一楼贵宾区、露台等。内部装潢的亮点在于多媒体设计、幻彩灯光效果与黑暗中客人走动的模糊影子相得益彰。

男女通用的洗手间使设计元素中互补与相斥的矛盾得以有机地融合，并在餐厅与酒吧的设计理念的范围内发挥得淋漓尽致。由于先前兴建的洗手间必须保留，因此装修工作仅局限于公共洗手间。迈克利构思了一个感观的空间，赋予顾客以设计专属主角的占有感。餐厅的内部通常坚固而黑暗，却有着强灯光的照明。恰恰相反，洗手间里淡淡的白光仅将里面的人在不透明的玻璃门上勉强显出轮廓。灯光分散在光泽绽放的聚氯乙烯地板上，以及与地板浑然一体的黑色塑料过塑的墙面上。镜子位于门背面的黑色薄板墙面上，凹槽则位于镜子的底端。反射的效果让这狭小的空间霎时宽敞了许多，俨然有了两倍的面积大小。唯一突出的色彩则是蓝色的霓虹字，指引着水、肥皂与烘手机的位置。它们是感应式的设施，电子感应器安装于脸盆之上的矩形钢孔里。

迈克利认为，未来的洗手间将会集流动性、娱乐性、魔幻性与功能性于一体，并推陈出新地使昔日的洗手间游离历史的长河之外。迈克利自称是建筑界的英雄，对他来说，洗手间首先要充满创意，并且应该是令人兴奋、令人浮想联翩、发现自我、结识新知的地方。

本页图

洗手间不透明的玻璃门上显出大的有些变形的男男女女的轮廓，构成了洗手间的一大精致亮点。光芒四射的灯光反射于发亮的墙面和地板上，交相辉映。

右页图

尤其突出的色彩则是蓝色的霓虹字，指引着水、肥皂与烘手机的位置。它们是感应式的设施，电子感应器安装于脸盆之上的不锈钢钢孔里。

SOAP
WATER
AIR

四海一家美食工作室

凯瑞姆·瑞席

美国纽约

凯瑞姆·瑞席对待自己的每一份设计，无论是垃圾桶还是建筑或是餐厅皆是一视同仁。他认为设计在很多层面上感动着人们，进而改变我们感知世界的方式。尤其是内部装潢更能缔造私人的超值享受。凯瑞姆沿用“感觉简约主义”形容自己的设计风格，即设计简约的同时依然保证情感上独特的吸引力。对他来说，柔和多彩且富有触觉美感的形式更为人性化，而且应该给人们带来舒适感和快感。

四海一家美食工作室无疑是温馨宁静的场所，能给感观以绝佳的享受。此餐厅分为四个区域，分别代表着四季。这里的菜单每13周会作调整，旨在根据不同时期提供最新鲜可口的佳肴。四个区域的气氛是截然不同的，顾客可以随心所欲地选择就餐区域。春日休息厅有柠檬绿的室内装潢品与花纹地毯；夏日酒吧里的大屏幕上显示着流水和自然的抽象图画；秋日就餐厅有温馨的木质天花板与地板及金色的玻璃墙；相对狭小的冬日厅，犹如在圆顶建筑之内，置身其中圆形的表面包围之中，令人感觉空间无限大。餐厅的旁边是玻璃墙，上面有着百花争艳的景象、碧波荡漾的大海、纷纷飘落的树叶以及洁白无瑕的雪地，这些动人的画面吸引着路人进入其中。

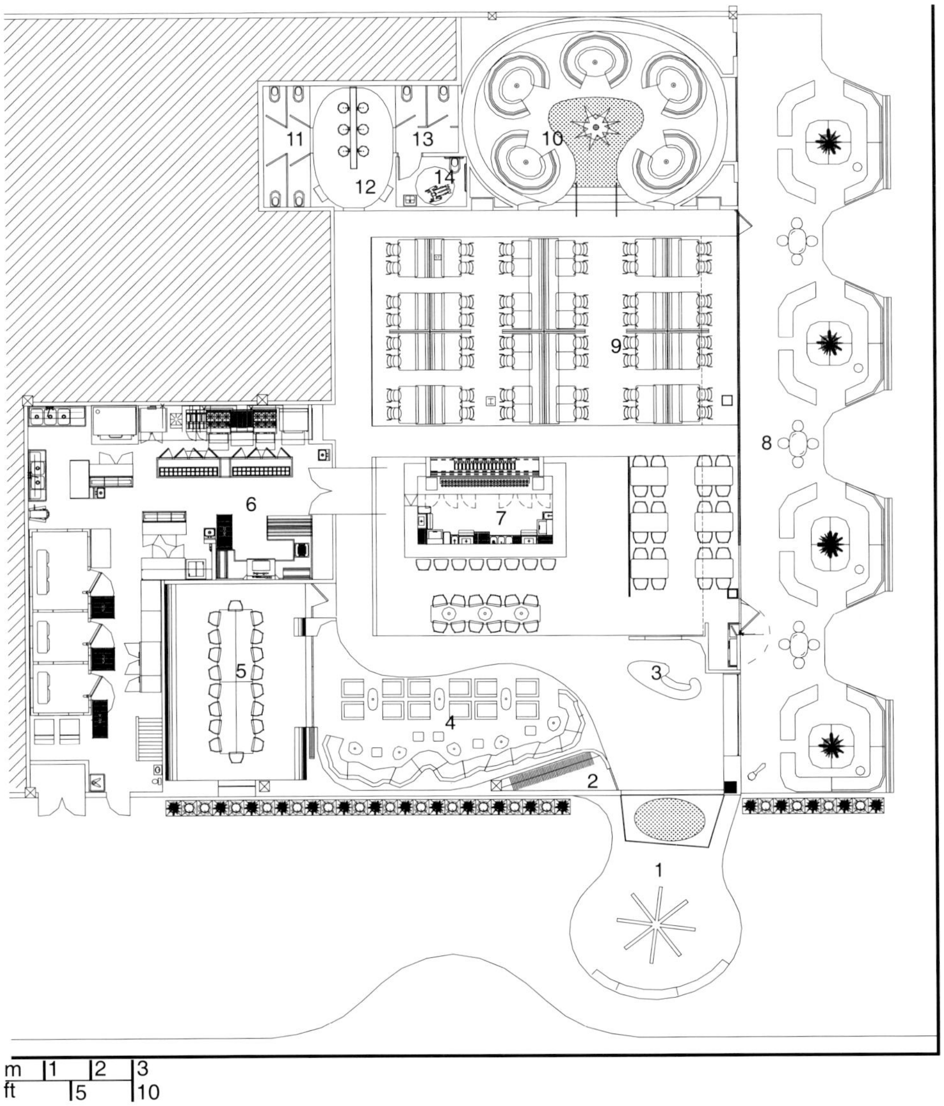

本页图

四海一家美食工作室平面图。

因地制宜地铺设不同的地板，将洗手间与包括餐厅、休息厅和酒吧在内的主要区域有机地区别开来。此设计凸显洗手间与众不同的隐私性。

1 入口
2 衣帽间
3 接待处
4 春日休息厅
5 私人就餐厅
6 厨房
7 夏日酒吧
8 室外就餐区
9 秋日就餐厅
10 冬日厅
11 女士洗手间
12 公用洗盥区
13 男士洗手间
14 残疾人洗手间

右页图

从夏日酒吧放眼望去，穿过秋日就餐厅，可见冬日厅。冬日厅由5个小房间组成，数字壁炉构成了装饰的重要环节。内部圆顶建筑装潢伴着微凉的基调，与餐厅的暖色调及金色的玻璃墙形成了鲜明对比。

右图

男士洗手间和女士洗手间位于公共区域之内，高度达4.5米（15英尺）。黑色、灰色与银色的马赛克水平相契，凸显了洗手间的高度。位于中间的玻璃墙与映射而成的墙面，以焕发黑色光泽凹槽为界限将空间划分。

洗手间的设计与建筑主要部分形成强烈反衬。完全黑白的色调与门前的景象形成鲜明的对比。有着令人眼前一亮的色彩，安装设施的表面也尽显华丽之色，尤其在秋日就餐厅里金色的玻璃墙上得到淋漓尽致的展现。中心大厅构成了洗手间的主要部分，高达4.5米（15英尺）。洗手间采用对称的设计，以墙分隔男士和女士洗手间，墙的两面上都镶着其一半大小的镜子。焕发黑色光泽的圆柱形凹槽恰到好处的安装在两边。黑色、灰色与银色的横条玻璃马赛克凸显了天花板的高度。洗手间刻意的避开餐厅和酒吧的位置，反映了其私人功用性。虽然建于公用区域，男女洗手间通常位于洗盥区的两边，内设黑色卫浴、玻璃架与镜子。为使人们在公用的环境中有舒适之感，男女洗手间均采用2米（7英尺）的障碍物分隔成间。擦手纸架安装于镶有镜子的墙内，终于使这个男女有别的地方有了一丝共享的意味。

然而，洗手间没有灯光直射，周围的光效令阴影显得更为逼真动人。附件、设施以及表面材质都选用易于维护的类型。

与餐厅相同，卡里姆设计的洗手间也致力于为顾客提供优质的享受，区域间的连接性将其功效性发挥到了极致，也将有限的空间得以最佳的利用。

太阳马戏团酒店餐厅
亚当·蒂哈尼
美国纽约

本页图

内设妙趣横生且热情洋溢的马戏团表演。此项设计的灵感源于出生在费城的亚历山大·考尔德(1898–1976)抽象派吊钢丝绘画作品。主就餐区位于为"马戏篷"专门定制的灯罩下面。

右页图

通往洗手间的走廊旁边挂着斯瑞欧的摄影系列作品，主要内容为家庭和名人。

亚当·蒂哈尼的设计皆是量身订做的，以展现顾客独树一帜的鉴赏品位与别具一格的个性。他与客户的关系可谓亲密无间，因为只有理解客户的性格特征与需求，才能设计出令他们满意的作品。

太阳马戏团酒店是纽约社交与烹饪传奇的里程碑。蒂哈尼与其创始人斯瑞欧的合作影响深远，他们携手以独特的建筑理念展现斯瑞欧丰富的内心世界。此设计主要是借鉴纽约、拉斯维加斯、墨西哥城的建筑风格，对20世纪80年代初餐厅的前身进行美化修缮。

顾名思义，太阳马戏团酒店里有戏剧化的翻筋斗杂技演员，以及浪漫的意大利民谣歌手。其设计灵感源于18世纪的法国，旨在通过形式多样的马戏团表演给人们带来其乐无穷的感受。

最新的太阳马戏团酒店娓娓道来着斯瑞欧家族与纽约千丝万缕的关系。得益于亚历山大·考尔德的抽象派吊钢丝绘画作品，蒂哈尼改进了纯美国式理念，他的魔幻马戏团设施可谓堪称一绝。长达3.5米（12英尺）的吊绳位于入口处的休息室上方。主就餐区可容纳120人，椅子上方设有一个巨大的造型抽象的"马戏团"灯罩。变化无常的艺术作品给餐厅增添了奇幻与幽默的氛围。

洗手间一如既往地以剧场为主题。与规模如此宏伟的餐厅相比，只有四个隔间大小的洗手间显得有些狭小。

WC

本页右图

平面图洗手间位于大门旁，由于受限于餐厅的大小，洗手间相对地占地空间较小。餐厅还设有可容纳120人的主就餐区与可容纳92人的酒吧和咖啡厅，以及供私人使用的夹层楼（图中未显示）。

1 洗手间
2 衣帽间
3 酒吧
4 私人就餐区
5 大门
6 主就餐区
7 糕点厨房
8 主厨房，内设主厨桌子

右页图

洗手间内设有卫浴与盥洗设施，好似名贵珠宝，令人感觉犹如置身于私人更衣室。而且，人们不需要为使用这些奢华的设施花费额外的费用。线架结构的鸟笼灯饰的设计灵感源自亚历山大·考尔德的杰作。

每个隔间都设有卫浴、凹槽以及化妆区，给人以贴心之感，宛如时尚女性的化妆间。使用这些设施无需耗费顾客额外费用，而且设计与其他质优价高的内部装潢相协调。墙面是用蜂蜜颜色的缟玛瑙与黑色大理石镶嵌而成，而地板则采用黑圣罗蓝色大理石。水流进不锈钢脸盆里，并流过坚固的不锈钢表面。专门定制的椭圆形后照镜子边缘闪闪发光，然而水晶线架结构的鸟笼灯饰的设计灵感则是源自亚历山大·考尔德的杰作。为了颂扬斯瑞欧在纽约烹饪史上不可磨灭的功绩，洗手间的主要特征是展示多年以来曾来访此餐厅的名人与政治家的图片。蒂哈尼别具匠心地将剪辑镶嵌在“柏莱德”墙纸上。

蒂哈尼将其设计方式定义为“独一无二的创新思维与无微不至的设计理念”。他的理念在最新的太阳马戏团酒店得以最全面的诠释。洗手间和餐厅结合了优质的材料、设施以及家具，致力于营造感观上令人惊喜，拥有超值享受的环境。

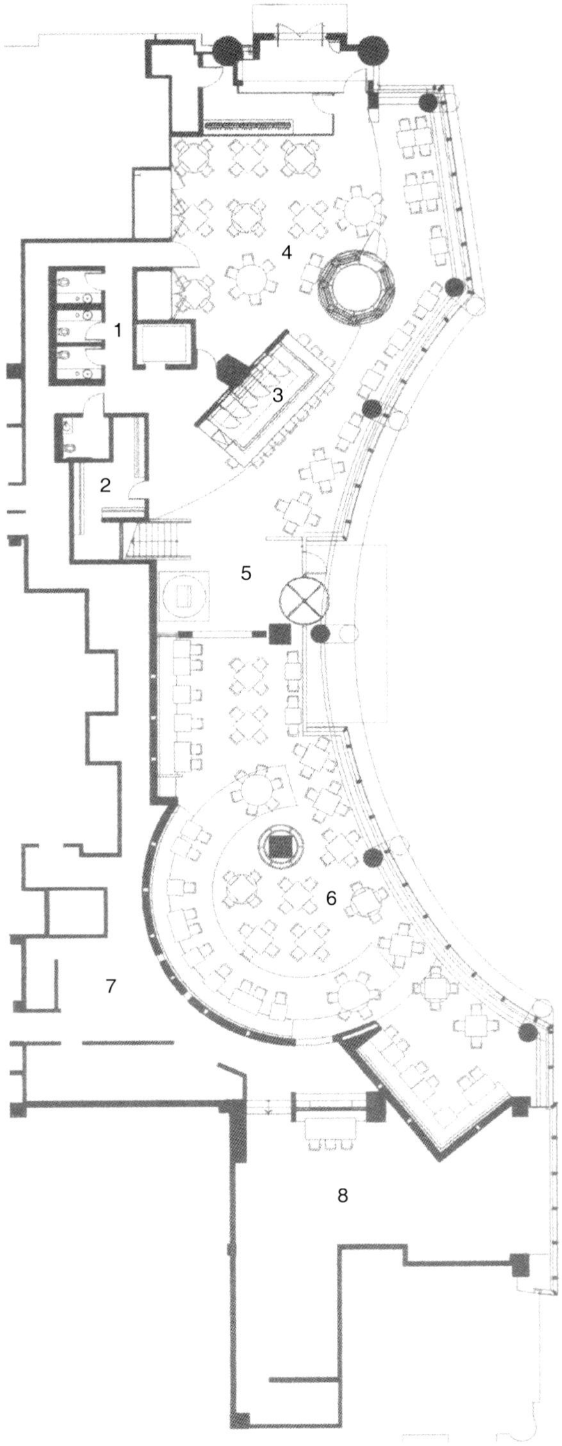

两个半柠檬酒吧餐厅
克里斯·布莱弗
马尔他毕尔古

两个半柠檬酒吧餐厅构成了马尔他最古老的滨水地区的一部分。此餐厅位于16世纪的石灰石地下室，那里曾是圣约翰骑士宝藏所在地。克里斯·布莱弗的修缮必须遵循该建筑的原始结构，任何改变都必须是可还原的。

布莱弗参观了一个艺术展览之后，绘画构图方式影响效果激发了他的灵感，之后他的设计理念初步成形。两个半柠檬酒吧餐厅的设计理念是"构造增强功能性"，而不是"构造单纯决定布局结构"。此项工程所有的部分，包括座位、矮墙与洗手间都演变为绝妙的"衬托"，堪称独具马尔他美感的经典之作。

他的灵感源自古代马耳他的风格，有着独具地方特色的磁砖、锻铁窗户、中世纪的屋顶，以及活跃于周末跳蚤市场上的零星的装饰品。布莱弗因地制宜地在公共空间结合传统与现代审美观，并且轻而易举地将酒吧和餐厅转变成私人餐厅与鸡尾酒会场所。经过布置的瓷砖上描绘各种各样装饰的图案，以此在柔软的墙体上营造坚硬无比的奇幻效果。室外的座位装饰着精致的瓷砖，轮廓清晰地拼合于胶合板之上，层次分明且布局巧妙。轻质隔墙遮住了厨房，被锻铁插画分隔开。屋顶的照片印在特别定制的荫凉处与立方体式的洗手间里，勾勒了盥洗盆前放置着的架子的画面，笼罩着浓厚的怀旧气息。

本页图

两个半柠檬酒吧餐厅位于16世纪的石灰石地下室，濒临马尔他最古老的滨水地区。

右页图

此项工程诸多设计都不是亘古不变的，即修建工作很大程度上都是可复原的。所采用的装饰风格基于中世纪毕尔古传统的建筑与人工制品的风格走向。

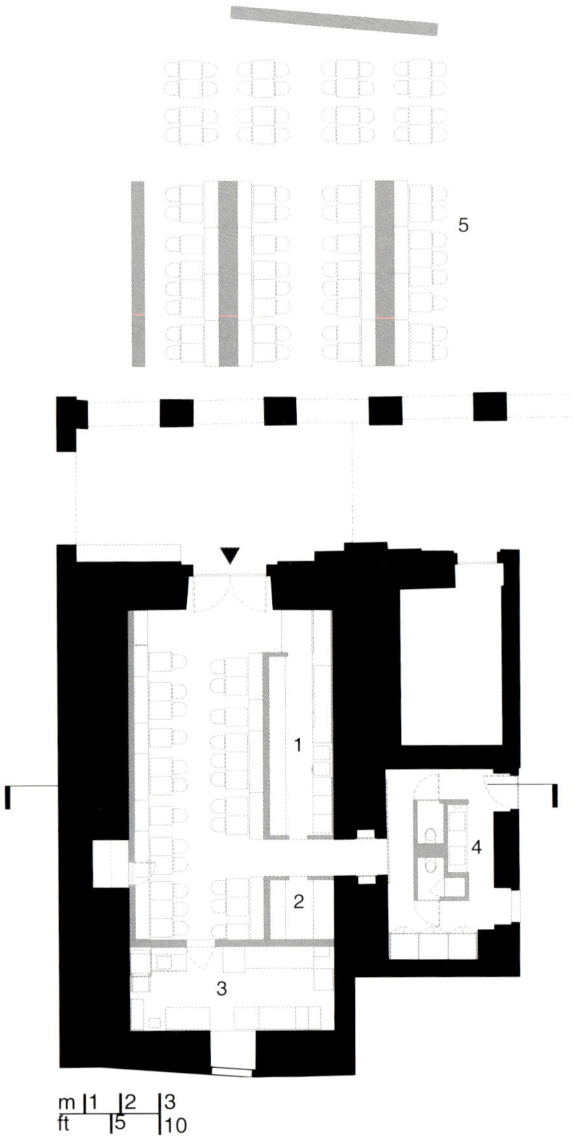

138

餐厅洗手间

布莱弗表示从设计洗手间过程中获得了最大的乐趣，他认为自己是幸运的，因为成功说服了餐厅老板将完整独立式的房间用于建造男女洗手间以及公用的盥洗区。布莱弗独具匠心的驾驭空间，营造房间中的房间，让人明白房间可能会日久耗损而造成损失。同时，他也成功地将洗手间有机地转化为当地艺术家的作品展览区。布莱弗希望设计能够融合各种观感效果，因此他使用了各种各样的图景、音效、质感、装饰品、致力于将功能性转化为艺术性的效果。乔恩与桑德拉两位艺术家负责利用盥洗区毗连的位置体现对当地的见解。艳色混杂的陈旧墙纸，古董的斜边玻璃镜子，以及镶嵌着白光塑料雕像的架子。声音艺术家"毛骨悚然的猴子"负责谱写音乐，但这音乐之后就停播了，因为一个顾客抱怨仿佛听见洗手间的气泡噪声。

布莱弗总结说："16世纪的洗手间宛如满是惊喜的盒子，人们在那里相遇，并畅谈着身边发生的荒谬的事，互诉怀旧之情。"

本页右图

采用复古式的卫浴以配合周围怀旧的设计。布莱弗想要把陈旧的水箱放在卫浴之上，但是餐厅老板坚决不同意。

本页左图

为了保持原址的构造模式，洗手间建在一个混凝土筑成的房间之中。

左页左图

餐厅的平面图展示了独立式的混凝土房，它位于主就餐区的左侧，其内部就是洗手间。

1 酒吧
2 餐吧
3 厨房
4 洗手间
5 露台

左页右图

乔恩与桑德拉两位艺术家负责装饰盥洗区毗连的位置，采用的装饰品包括古玩与塑料小雕像。

二．二十二餐厅
克里斯·布莱弗
马尔他瓦莱塔

本页上图

二．二十二餐厅入口。此项工程的设计理念是与16世纪的堡垒区别开来，所有的功能浓缩在一个黑色的房间里。

本页下图

男女洗手间门上的标识引自艺术家皮特·蒙德里安与建筑师密斯·凡德罗的作品。

右页图

女士洗手间区别于男士洗手间的特征在于前者配有小面的玻璃岛出产的玻璃墙，以及男模特手形的衣架。

与两个半柠檬酒吧餐厅（见136页）一样，二．二十二餐厅是克里斯·布莱弗另一份得意之作。只是后者原先未装饰的隧道被改造为车库，位于16世纪马尔他瓦莱塔的堡垒城墙之内。布莱弗早期的作品主要是装饰翻新工程，然而此次致力于营造高雅的餐厅及沙发酒吧。在这超现代感的环境中，人们避开使用方言。

由于此基础设施是文化遗产之一，修缮工程不能过多地改变原构造模式。布莱弗将自己的设计定义为"将可移动的摊位融入防御工事的工程"。如同两个半柠檬餐厅，对瓦莱塔遗址的修缮也采取了"房中房"的设计模式。倾斜的墙面顺着堡垒的棱角，靠近隧道的部分适当地缩小，以最大程度地释放底楼与一楼的空间，并保持堡垒原先的构造模式。钢木结构与周围的设施完全独立，并设有单独的光、声音、自来水供应与排气系统。这些设施与原始的堡垒城墙有一定的距离，不会对其造成任何损害。就餐区和休息区是相互分离的，前者在自营建筑旁，后者位于顶端。内设机械系统、储藏室、递物小门以及洗手间。"外层的房间"伸出至混泥土筑成露台，形成了视野宽阔的圆形露天竞技场，放眼望去海港上的美丽景象尽收眼底。

本页左图与右图

洗手间建于分层胶合板结构内部，有着丰富的诉诸美感的结构。男士洗手间用黑色的竹子作为分隔的界限。

右页左图

平面图展示了洗手间位于建筑内部的末端，即厨房的旁边。

1 混凝土露台
2 入口处的大厅
3 酒吧
4 厨房
5 楼下就餐区
6 洗手间

右页右图

为了使盥洗区保持整洁，将皂水器、烘手机隐蔽地装在镜子后。窗户给窥阴一瞥提供了绝佳的机会。周围的灯光以柔和的绿色为基调。

洗手间位于建筑内部的末端。平易近人的餐厅老板将设计工程全权委托给建筑师，以求将有限的空间发挥出最大的效能。洗手间建在独立的黑色分层胶合板结构内部，与餐厅的其他部分设计理念保持一致，并有机地结合了各种功能。为了使盥洗区保持整洁，将皂水器、烘手机隐蔽地装在镜子后。男士洗手间和女士洗手间相得益彰，相互辉映。闪闪发光的墙面与天花板受镜子折射，从而形成歪曲的图像。虽然洗手间内设施疏离，却被窗户巧妙地联系在一起，给窥阴一瞥提供了绝佳的机会，而且能够通过盥洗区上方的镜子里看见自己。男女洗手间几乎是相同的，只是装饰上有些许微妙的区别。男士洗手间里有黑色的竹子，而女士洗手间则有玻璃岛的玻璃挂帘。巨大模特的手被用作衣架，女士洗手间里采用男士的手，而男士洗手间则选用女士的手。男女洗手间门上的标识引自艺术家皮特·蒙德里安与建筑师密斯·凡德罗的作品。

布莱弗认为无论在什么工程项目中，洗手间都是重要的创新元素。在这私人的空间里人们可以从繁忙的社交区中暂时得以解脱，容许自己的感觉放松。建筑师诉诸美感的设计是基于这个理念，给人们以出其不意的邂逅之感，这是内部装潢设计的总体焦点。

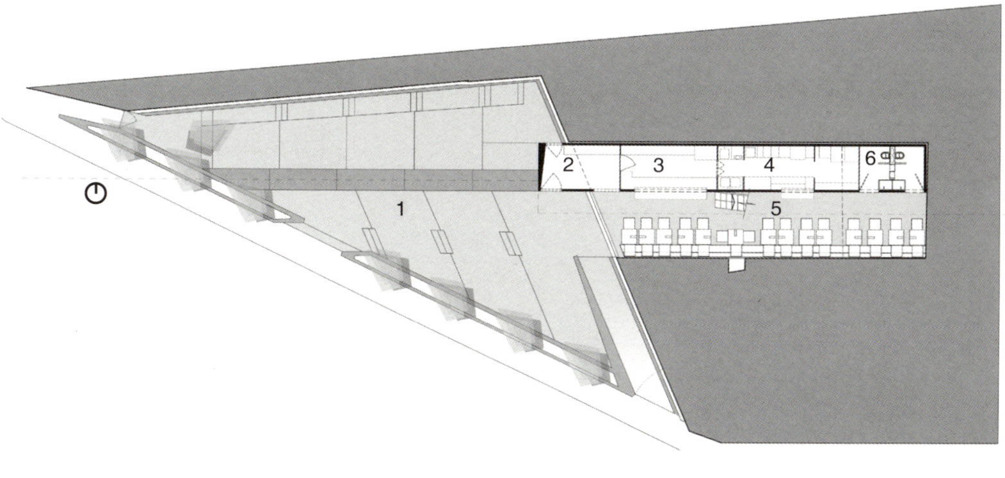

松久五十七餐厅
大卫·洛克威尔
美国纽约

虽然大卫·洛克威尔奇特的娱乐建筑设计已被广泛应用，涉及场景和道具布置以及机场站点，但是他最为著名的是剧场餐厅的内部装潢。舞台多年以前就已经走入洛克威尔的生活。他的母亲是四处辗转的滑稽通俗喜剧演员，因此童年他是在新泽西一个社区的剧场上度过的。他和弟弟曾经在剧场上表演过，也研究过舞台设计的问题。在9岁的那年，他和继父举家搬到了墨西哥的瓜达拉哈拉。鲜明艳丽的色彩，形形色色的人们、季节以及斗牛场都给洛克威尔留下了深刻的记忆，并成就了他后来丰富多彩、热情洋溢以及令人喜出望外的内部设计。

松久五十七餐厅也不例外。这个餐馆是洛克威尔与著名主厨兼企业家的松久信幸的第二次合作，而松久在世界各地拥有15家餐厅。起初，曼哈顿的松久餐厅的灵感源自蝴蝶夫人的樱花与酒吧高脚凳。然而松久五十七餐厅设计则采用更为通俗易懂的方式，设计基于日本传统渔村风情，以海洋的无限蔓延为主题。

内部装潢的循序渐进的效果看似舞台布景。楼梯占据了双倍高度的空间绝大部分，从一楼休息厅延伸至二楼餐厅，让顾客有着戏剧化的出场方式。桌子精心设计成这样摆放，以产生从外面手忙脚乱的世界过渡到内部魔幻的亚洲水生生物世界的效果。

休息厅的水磨石地面采用纹波的图案，胡桃顶板像流木似的在缟玛瑙底座顶上漂浮着。墙和圆柱被木料绳索的屋面板瓦覆盖，这是典型的日本渔家房屋的特色。枝形吊灯由成千上万的鲍鱼壳制成，将一楼与二楼紧紧相连。楼上的餐厅设有

巨大的背光编织装饰品，形成波动起伏的波浪式的纹理，此设计灵感源自渔篮。编织板在天花板处延伸开来，形成了在57号街都能清晰可见的茧。

男士洗手间与女士洗手间位于二楼就餐区后面的铁板烧桌子旁，其设计理念延续了前厅的风格。为了营造手工艺创造的氛围，设计中采用对比鲜明的自然的材质与结构，并入木三分地诠释着日本传统的渔业文化。墙面或者是由石板铺成，或者是由黑色的礁石镶嵌而成。地板与墙面相得益彰，营造了空间的连续感。然而由黑胡桃木制成的门互相平行，门的颜色是不深不浅的棕色系，致力于营造暖色调与冷色调的自然过渡的舒适观感。

就像站在主就餐区一样，专业的艺术作品恰到好处地应用在洗手间的附件设施中，最值得一提的是新石器时代手工雕刻花岗岩的凹槽，从墙壁上悬臂而下。这看似只是被工匠粗削的结构，构成了不规则的视觉观感，与墙背面镜子的规则形成了鲜明的对比。灯光效果是洛克威尔室内装潢的重中之重，运用自如的灯光能够营造独特的气氛，并且令空间更有光感。洗手间里的背光灯台是专门用天然纤维制成的，产生舒适的照明效果，下垂的灯照突出了卫浴的位置。设施以简约优雅风格为主流，聚光灯使其清晰可见，人们在这别具一格的静谧惬意的环境中例行公事地享受着。

本页图

松久五十七餐厅设计基于日本传统渔村风情，采用海洋体现无限蔓延的主题。枝形吊灯由成千上万的鲍鱼壳制成，将双倍高度的空间与楼上的餐厅紧紧相连，并构成了酒吧的主要部分。

右页图

洗手间的主要特征是从墙壁上悬臂而下的凹槽，它是专门用花岗岩手工雕刻定制而成的。为了与纯天然材质结构形成鲜明的对比，使用了黑色的礁石、板岩以及黑胡桃木，致力于营造手工艺术观感。

本页图与左页图

男、女洗手间设计上略有不同，却是遵循相同的理念模式的。聚光灯平添了剧场特有的元素。

波士多餐厅
UdA工作室
意大利都灵

波士多餐厅是一个四层的翻新建筑，位于都灵中心的历史建筑的转角处。此项工程包括位于底楼的厨房，位于一楼的咖啡厅和外卖厅，位于中层楼的唱片杂志的展示销售中心，以及位于四楼的餐厅。设计理念是营造能够轻而易举扩展为快餐连锁餐厅的结构布局，其审美的主导因素是感知力。用于诠释空间合理布局的各种材料激发了视觉与触觉感受。

此项目的客户斯特凡诺·赛奇是乔治修缮团队的合伙人，该团队设计了诸多的久负盛名的建筑，其中包括酒心情缘、拉丁区、巴黎的佛陀酒吧等。他的友好热情与无微不至，以及录音业的专业知识的掌握（他拥有自己的工作室），这些都造就了快餐连锁餐厅的多媒体设计理念。UdA向来因为用于尝试创新，有机地融合科技与建筑技术的突破精神而脱颖而出。此工程的宗旨在于位置能够方便调换，而且能够轻而易举、清楚地掌握功能界限，其中分类主要有室内就餐、外带、食物烹调区与零售区。

本页图

通往餐厅洗手间的通道预示着前方的空间会愈加缥渺。

左页左图

四楼的洗手间位于走廊的尽头，是供室内就餐的人们使用的。走廊旁设有多层的玻璃分区，并镶嵌着橙色的薄膜相互辉映。

左页右图

透过阴影和反射效果，波士多的访客悬浮于不真实之感中。

与米兰的库科工作室的合作，着重强调极具表现力与恰到好处地使用高级的材质，UdA设计的建筑演变成了包罗万象的小宇宙。图像、屏幕以及反射的效果齐心协力地将顾客从平常舒适的空间中抽身。内部装潢将不透明彩色屏幕与清晰的表面相协调，同时将晕光与暖色的灯光效果以及多感官的艺术享受相结合。放大背光的风景摄影与松弛音乐相辅相成，营造了非同凡响的效果。

餐厅里设有两套洗手间。一楼的洗手间实用性强且设有残疾人专用设施。墙面及地板上所有的设施都有易于维护的特性。

然而四楼位于室内就餐餐厅旁的通用洗手间，它由橙色的玻璃制成，并维持了餐厅飘渺梦幻的风格。为了营造整体的效果，使用专门定制的钢材挂起多层玻璃面板并镶嵌半透膜。可丽耐盒固定于墙上，内含光电管以提供自动冲水与空气干燥设施。无论是洗手间内的水源与附件设施都是极为罕见的，进而彻底颠覆了人们想当然一成不变的模式。洗手间成了沉思的好处所，其设计着重于感知观念，因此大量使用阴影、反射和镜子成像的诸多效果。多种感官的享受显得疏远而不切实际。作为波士多其他部分的缩影，UdA的设计融合了真实感与想象力，灵光一现地摩擦出新的设计火花。

本页右图

一楼的洗手间配备残疾人设施且易于维护，它建在不透明的钢化玻璃内。融洽的共享氛围暗示了这是快餐业，咖啡厅和外带厅也都位于一楼。

本页左图

四楼的洗手间里用可丽耐盒代替了凹槽。可丽耐盒配备光电管，能自动地供给肥皂液与水流，并进行空气干燥。它们的出现代替了传统的洗手间设施，进而彻底地颠覆了人们感知的真实性。

左页图

为了营造整体统一、相得益彰的效果，洗手间的门上镶嵌了特制的钢框。

巴黎公社餐厅与新闻餐厅
利安顾问有限公司
中国北京及香港

巴黎公社俱乐区位于长城八达岭附近的多别墅区域，巴黎公社餐厅是俱乐区内两家餐厅之一。该设计结合精品旅馆、乡郊大宅与当代建筑于一体，由亚洲先锋设计师团队负责，致力于在林木葱郁之中营造现代化建筑。此地离北京仅有半小时的车程。俱乐区是繁华的中心区，出自朝鲜设计师承孝相之手，内设餐厅、私人剧院、图书馆、酒吧与画廊等。该餐厅的定位是中国特色风格，延续了建筑既有的优雅精致，并在内部装潢中融入乐趣横生的俱乐部般的审美观感。

新闻餐厅采用现代欧洲啤酒屋风格设计，位于香港市中心的时尚聚集地荷李活道。新闻餐厅得此名的原因是其曾是香港久负盛名的新闻出版社之一。为表达对此文化遗产的崇高敬意，利安顾问有限公司的设计理念在于营造岁月所赋予的古色古香与新时代气息（"已发布的最新消息"）精悍的氛围。

巴黎公社餐厅与新闻餐厅这两家餐厅均引入独具一格、鲜明对比的设计风格。但为营造折中主义的美感，采用独特的材质与设施，洗手间也延续此格调，因此整体感强且相得益彰。其设计师Hugh Zimmern秉承创意不能妨碍功能性的有效发挥，洗手间的设计是至关重要的这一原则，因为它淋漓尽致地强调顾客们渴望娱乐与惊喜的内心需求。

巴黎公社男女洗手间的设计颠覆了陈腔滥调的思维定势。男士洗手间独具匠心地采用桃红色阴影色调，并配备华美水晶吊灯。其设计风格简约精巧，灯罩玻璃悬挂于钓丝之上，并穿行于标准MR16灯之间。女士洗手间风格可谓与之完全背道而驰，装饰着暗色的胶合板以及黑色的皮革。灯光源自化学试管、烧瓶与李比希氏冷凝器等装饰物。客户需要的不仅仅是洗手间，因此占地面积扩大了一倍，用于建造男士吸烟区与女士化妆室。受限于当地的材料资源，设计师只能跳出既有的框架，挖掘新的思维。男女洗手间的主要特征在于专门定制的手打铜凹槽，可谓独树一帜的设计思维突破。

本页上图
巴黎公社总览图。由于受当地独特材质的影响，承孝相设计中极少使用混凝土、低合金高强度钢与木材。

本页下图
女士洗手间装饰着暗色的胶合板以及黑色的皮革。

右页上图
巴黎公社内男、女洗手间的设计颠覆了陈腔滥调的思维定势。男士洗手间设施采用桃红色阴影色调，并配备华美水晶吊灯。

右页下图
男、女洗手间的共同特点在于手打铜凹槽，这在男士专用设施中得到了极致的体现。

本页左图

新闻餐厅设有皮长椅，悬挂于墙面上易于清理的油画，以及受吉恩·若伊利与高雅别致艺术装饰影响的灯具家具，这一切营造出新闻餐厅特有的轻松舒适的就餐氛围。

本页右图

新闻餐厅的主要特色是配电盘门。此门是由塑料薄板制作而成，薄板上有淡底印花亚麻布装饰图案，融合了法国18世纪意象与20世纪50年代的香港美景。

右页图

男士洗手间弥漫着20世纪50年代的复古气息，内设落地式小便池、白色耀眼的墙面与灯光。

由于汲取了20世纪50年代至60年代期间香港盛行的中欧融合风格的精华，新闻餐厅洗手间设计可谓灵感迸发。内设奢华的落地式卫浴，白色的墙面砖与地板的方砖。铁丹色装饰灯具受20世纪中期法国设计师吉恩·若伊利的影响。然而浴台面板由中国的山水大理石制成，此大理石广泛应用于中国古代家具。其主要特色是配电盘门，由塑料薄板制作而成，薄板上有淡底印花亚麻布装饰图案，融合了法国18世纪意象与20世纪50年代的香港美景。18世纪朱伊制造的装饰织物，上面印有传统的田园风光，装饰在宏伟辉煌的设施之间。新闻餐厅装饰图案是专门定制的20世纪50年代香港的图像。

巴黎公社餐厅与新闻餐厅洗手间是东西方风格的交锋融合。二者都实现了将有限的资金投入于价位适中却非同寻常的材质，通过精致的图案与色调对比创造出美的感观享受。

05
酒吧与俱乐部洗手间

胚胎俱乐部
一号广场建筑师事务所
罗马尼亚布加勒斯特

本页图

是一张地下餐厅快照，通过其椭圆形的天窗可直达楼上的酒吧。

右页上图

男、女洗手间的装饰采用相似的质地和色彩。马林称其为“阴阳互补”。这些洗手间的独特设计使该夜总会室内的装饰显得与众不同，充满流动感和丰富的想象力。

右页下图

地下室（左图）和一楼（右图）的设计图上设有专门的洗手间区域。这些区域中圆形墙面的设计，在对马桶流通量的研究上，应运而生。

1 餐厅
2 酒吧
3 衣帽间
4 地下洗手间
5 圆形吧台
6 休息室
7 入口处
8 一楼洗手间

胚胎俱乐部的设计灵感源自自然界早期尚无生命体出现或之后的细胞生物阶段。它的所在处不甚起眼，但在它低调的外观后面是一条带有Syplex插图的Exalcobond鲜红色带子，上面画有表示胚胎在不同发展时期的图案，而在入口处的玻璃门上恰恰是胚胎成熟期的图案。然而，当沿着水平锥状的大厅往前走，仿佛置身于芭芭丽娜电影中的幻境：集未来主义、平滑有机和时尚流行多种特色于一体。地下餐厅的墙面用白色的环氧漆粉刷，配以不断的光线变化。红色环墙式的衣橱上有圆形穿孔，通过这些穿孔，漆层交汇。天花板上的椭圆形天窗紧连接着楼上亮白色的酒吧。继续拾阶而上，来到休息室，休息室的墙面采用深红色环氧漆粉刷，装有白色灯光镶边以及细胞核大小的配件。室内的座椅由菲利普·斯达克设计，桌子由SquareOne定做，内置双层保温冰桶。

这类夜总会场所在西方极为普遍，是如凯瑞姆·瑞席和德国3deluxe等设计师们的作品。然而须牢记，这里是罗马尼亚，一个在这方面渐入佳境的国家。

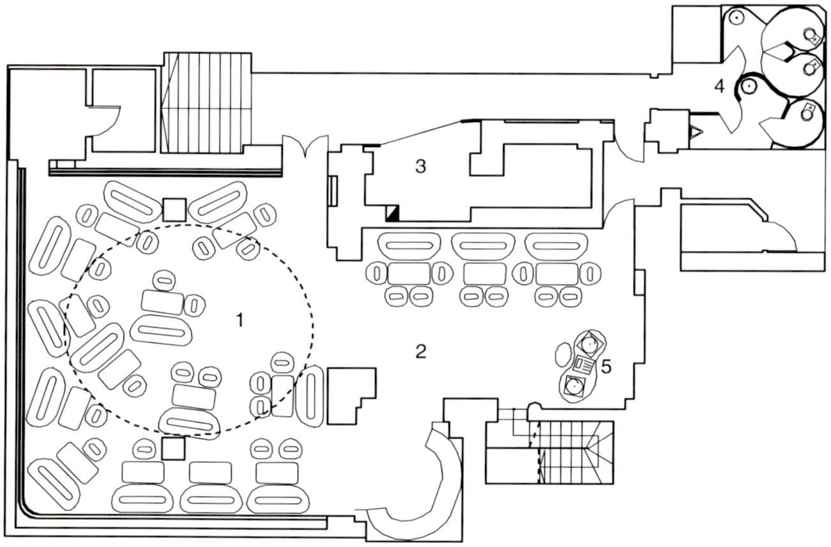
1
2
3
4
5

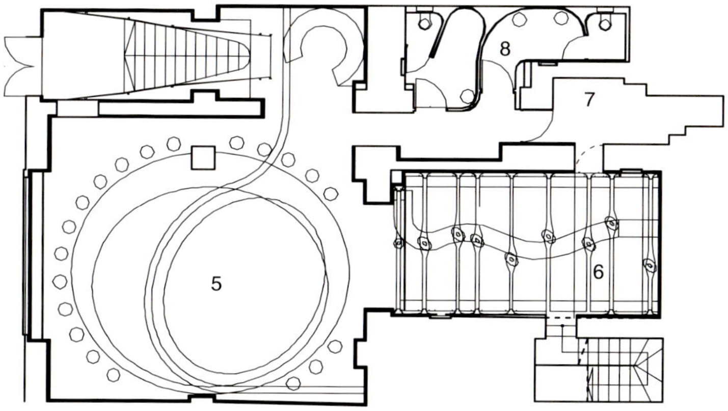
5
6
7
8

一号广场创办人之一的理查德·马林曾写到："在我看来，当代罗马尼亚建筑现状可分为：85%因建造不合理而摇摇欲坠的建筑，13%"合理"的建筑，以及最后的2%佳作。这2%建筑是通过研究所建住宅会如何影响该国居民的生活，以及这些建筑物将如何成为当地的一部分乃至流芳百世。"多亏有位勇敢的客人，给予建筑师全权委托，任其充分发挥。俱乐部俏皮又带点异域风情的美感充分体现了罗马尼亚正逐步寻得其在设计上的优势。

俱乐部的洗手间设计理念是整体的一个缩影。与众不同、充满流动感，又给人留下想象的空间。设计洗手间的（地下室和一楼入口处背面各一间）空间有限。马林和他的搭档安德里安·康瑟通过所给的区域制定了流动图，以确定在最小的空间合理安排所有功能。最终他们决定采用弯曲状的墙面，最能体现动态和变化特点，再通过马赛克式的水平条纹和尽可能采用独立式的卫生设备配件来增添这种波动特性。

马林将设计一间洗手间比作"和一部手机拥有一首酷炫彩铃那样重要。它在执行简单的提醒任务的同时又是社交互动的一大工具。"

左图

"时尚"的马赛克的水平条纹突出了墙面的波动特性。同时尽可能地采用独立式卫生洁具也增强了流动感及动态感。

中华白俱乐部与沃尔斯特俱乐部
Satmoko Ball
英国伦敦

如果你想见识名流，那么中华白和沃尔斯特便是最佳去处，这里夜晚汇集许多名人。当然，前提是你能进得来。

中华白与沃尔斯特各居皮卡迪利广场的两个转角处（自20世纪50年代以来，皮卡迪利广场一直是伦敦俱乐部区的繁华中心），这两家俱乐部皆隐匿于狭小的门口之后。只有当你成为这里圈内人之一，你才会知道它们的存在。而这就是重点。这些稳定性高、主题性强的俱乐部，往往通宵达旦，不惜代价斥资于室内装饰，设有“红色警戒线”，极具排外性。

中国白最早于1998年为商贾开放，后来重新装修。自那以后，俱乐部便设置了专门的贵宾区。贵宾区通常包括

本页图

中国白里的贵宾毛（泽东）包厢延续着中国白一贯的东方风。

右页图

受安迪·沃霍尔的启发，男女混合洗手间由一名服务生通过放到受限区的一条红绳来监控客流量。

本页左图

中华白中的小包厢往往空间窄小，使用传统的带有木制马桶座的陶瓷马桶。辅以铜制图案添加反光面，使狭小的空间显得宽敞。

右页图

此外，室内巧妙地运用镜子、灯光和蜡烛等来增强空间感。材料皆经精心挑选，室内材料一律须突显温馨的氛围、柔软的触感以及良好的耐久性。天花板统一饰以华丽的生丝遮篷，水槽则采用带有纹路的石板和木材，并有小巧鹅卵石填缀，遇排水时，水便从此处流出。

本页上图

沃尔斯特室内的设计灵感除了源自地下酒吧的理念外，还通过采用幽暗光滑的室内墙面、奢华的皮革及织品、精巧的饰面和艺术装饰图案，营造出一种精美豪华的地下风情。

本页下图

沃尔斯特的洗手间被设计成外表光滑亮泽的黑色盒子形状。所采用的瓷砖和木材比较朴素简约，卫生洁具以传统的为主，以突出灯光和细节的布置。

右页图

精心挑选的机器时代式的水龙头，逗趣的拉冲式马桶，不锈钢的基座，以及艺术装饰灯等，为夜总会增添了不少地下酒吧式的美感。

带男女混合洗手间的套房和吧台。毛（泽东）包厢新的室内设计风格依然延用中国白一贯的东方主题。像贝多因人那般，客人闲适地躺卧在充满异域风情的坐卧两用式沙发上，沙发上缀满精美的织锦和柔软的软垫。

设计师Cara Satmoko 和 Adrian Ball还将俱乐部的这种室内设计风格引进洗手间。洗手间由两间小房间和两个洗脸池构成，一个约6.5平方米(70平方英尺)的小空间。各种材料、设备和灯饰都经过严格挑选，以此充分利用空间。墙上装有一面可以凸显空间感的镜子，可以照出背面的货摊。镜子的周围，许多灯饰和蜡烛，散发着朦胧的光晕，为室内整体增添几许奢华。带花纹的红色丝质顶棚，唯一有别于亚洲与异国风格的较为明显的部分，一改以往的粉刷光滑、装饰简约的墙面。形成一种迷人的特色，带有纹路的石板与木制的洗脸池间填缀着鹅卵石，排水时，水流从此流出。

室内设计所采用的材料一律精挑细选，以确保其耐久性强、触感良好。

沃尔斯特是一家位处地下、精致小巧、采用私人会员制的俱乐部。俱乐部的名字取自和它同名的法案提出者，（即，明尼苏达州的一名参议员Andrew Volstead）提倡在美国实行禁酒令。

而地下酒吧的室内设计被认为是20世纪20年代一项讽刺的举措。中国白俱乐部的拥有者力荐他们喜爱的建筑师Satmoko Ball来为他们设计。以维也纳现代主义建筑Adolf Loos为出发点，他们也参考了一些当代元素，如木嵌板、艺术装饰图案、饰面以及奢华的皮革和织品等，并将这些元素与朋克元素挂钩，（显然，靠背式长椅上的图案是受英国著名朋克乐队“性手枪”的启发）采用类似迪斯科舞厅的Mirroflex天花板和相邻的壁画。设计师Adrian Ball说：“我们试图将多种元素融于一体。图标式的风格，奢华而又俏皮，采用深色的磨光墙面，昂贵的材料及精美的灯饰，打造一个富丽堂皇的、令人陶醉的、充满超现实主义的都市俱乐部氛围。

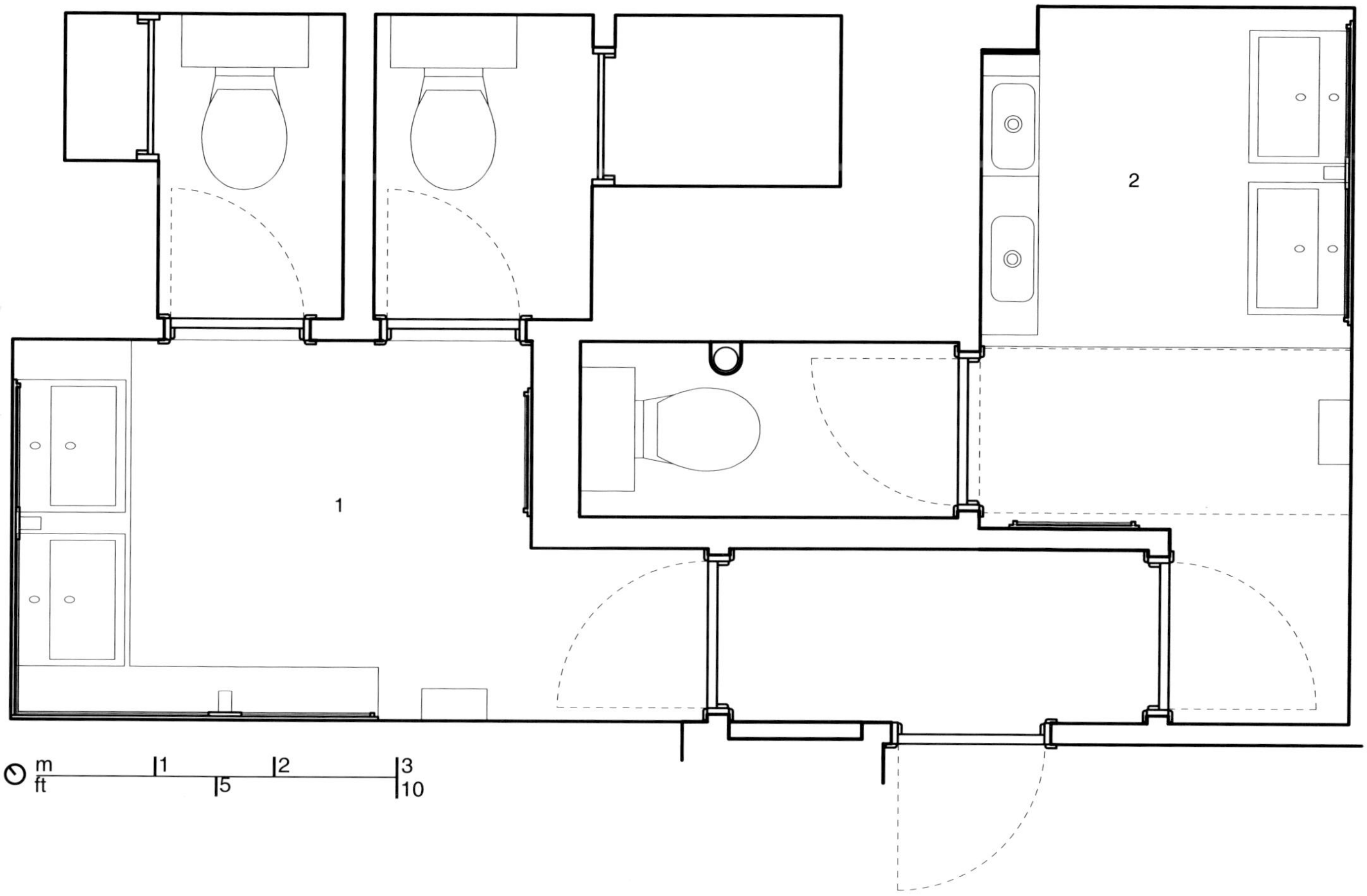

本页图

沃尔斯特俱乐部洗手间的建筑平面图。由于空间有限，它们的设计以节省空间为主。男、女洗手间设计风格类似。但女士洗手间的占地面积相对大一些，用来另外安装镜子和用于化妆需要。

1 男士洗手间

2 女士洗手间

左页图

闪闪发光的表面及铬合金的使用，突显空间感，便于灯光的集中，无形中使人感到身处的远大于18平方米（194平方英尺）空间的更为宽敞的感觉。

沃尔斯特俱乐部中的洗手间规模和中华白的一样，占地不大，仅18平方米（194 英尺）。

而男女混合洗手间的设计，既省空间，同时所采用材料及配套设施与俱乐部整体风格相一致。位处地下也就意味着，天花板的高度受限于现有结构和新的通风管道系统。因此，往往通过巧用镜子，给人以扩展空间的视觉感受。深色瓷砖、花岗岩地板和表面黑色光滑的小包厢的使用，主要讲究简洁，以突出墙上的灯饰和卫生洁具。洗手间、洗脸池和便池的设计主要以传统为主，而非采用机器时代的带翼飞艇式水龙头、以装饰为主的拉冲式马桶和不锈钢的洗脸池柱基。另外，通过使用铬合金，可以突出空间感，便于灯光集中，同时闪闪发光的效果，给人营造一种忽明忽暗的独特氛围。

中华白和沃尔斯特两家俱乐部的洗手间设计，充分说明了在有限的空间里也能创造艺术。

然而，洗手间很显然不如入口处的前台来得重要。设计师Satmoko Ball认识到，这些洗手间应当成为顾客急欲体验的谈话地点。它们具有与其他地方完全不同的美感，但同样强调材质的质感，以弥补空间狭小的缺陷。人们对于一个地方品质的感受往往源自于他的触感。尽管预算有限，建筑师们仍将这些客人经常光顾的场所，打造成兼具奢华与隐秘性高的环境。

Cocoon俱乐部
3deluxe
德国法兰克福

本页左图

该数码式俱乐部的设计，将人类的细胞结构作为出发点。膜状的墙面，由带孔的混泥土嵌板构成，便于顾客渗透交流。顾客可以惬意地靠在上面休息，也可以通过这些穿孔欣赏舞池的情景。

本页右图

负责监管洗手间的侍者所在的接待室，由夹板制成，上面贴有白色胶木。

右页图

洗手间被认为是为了配合装饰华丽的俱乐部和餐厅而设计。所采用的无烟煤灰色色调，使整个空间显得单一而陈旧。所有的技术设备和功能性配件的使用也退居次要位置。

多学科设计公司3deluxe凭借计算机生成的有机体、很强的图像感和实验室内设计，获得国际的广泛认同。

他们的作品往往虚实结合，即将多媒体技术和建造环境相结合。室内的设计探究了新技术，基于网络的智能灯光调控系统和弹性材料三者在空间的使用，从而营造出一幅未来主义的、超凡脱俗的逼真画面。

Cocoon夜生活的全套设施包括一个数码式俱乐部，两个终端餐厅以及多个休闲区域。和许多其他3deluxe作品的设计理念一样，皆与生物学渊源甚深。俱乐部以细胞的新陈代谢所进行的各种活动为出发点，依照吃、喝、休息和跳舞的活动模式，设计类似于不同细胞器官的各个不同区域。而主要的舞池位于这个生物体的内部。上方悬挂着类似DJ和VJ讲道坛，形成细胞核的样子。整个区域被膜状的墙面环绕。人们可以从两个方向穿墙而过，这样便于顾客进行渗透交流。

Micro俱乐部餐厅和Silk Bed餐厅，则将人们从俱乐部的令人兴奋昂扬的活动中解放出来。前者作为俱乐部的附加设施，在白天有一种特殊的美感。而后者则将顾客的饮食模式提升至一种基于古代饮食礼仪的艺术仪式。

洗手间的设计被认为是用来配合装饰华丽的俱乐部与餐厅的室内设计。洗手间所采用的无烟煤灰色色调和随意组合瓷面砖的质感，使整体的设计风格趋于古朴。同时两旁装饰着白色灯，又增强了这种质感。无缝的黑色磨石子地板相较于亮灰色的天花板，在用色上显得比较单调。

瓷砖水槽被依序安装在砖石砌成的柱基上。柱基后面是一面铺满整个地板的双向镜，镜子上方是一盏带状吊灯，不时散发着朦胧光晕，灯光再经镜面反射出来。

每个水槽上方都装有液晶监控器，这些监视器被安装在双向镜之后，所拍摄的图像投射在玻璃镜面上，顿觉影像交叠，层次感十足。略带粉红的紫罗兰色洗手间隔板，在颜色及设计上显得与众不同。3deluxe设计公司运用图案来点缀板面，这些图案会依据观看者所站位置的远近出现相应的变化。隔着一段距离观看这些被多次折射后的松木枝图案，会发现此时图案为抽象的罗夏墨迹测验图案，然而靠近看，图案又会自动分解成与俱乐部其他地方一样的亚洲艺术风格主题。使用洗手间后，门会自动关闭，防止装饰上的任何延时停顿情况。吊顶上装有扩音器，俱乐部的音乐通过扩音器弥漫整个洗手间。洗手间的整体设计在空间安排上极具创意。男、女洗手间被房门隔开，走廊、大厅和洗手间区域等相对独立、互不干扰。

尽管洗手间的设计从一开始就贯彻“少即多”的设计概念，即提倡简单，反对过渡装饰，但和俱乐部的其他区域一样，洗手间室内设计采用的风格元素，也给人一种积极向上的明快之感。3deluxe的设计师说道：“我们并非致力于空间本身的设计，而是赋予在这里享受的顾客从未有过的体验。”

本页图

在混泥土制成的柱基上装有许多陶瓷制成的水槽。每个水槽处都有一张视频图像，由安装在双向镜后15厘米大小（6英寸）的液晶监控器拍摄下来。室内通过采用特技，制造出一种迷人的影射效果。当图像投射在玻璃镜面上，顿觉影像交叠，层次感十足。

右页图

洗手间的门用罗夏墨迹测验图案装饰。门皆自动关闭。

Crobar俱乐部

ICRAVE

美国纽约

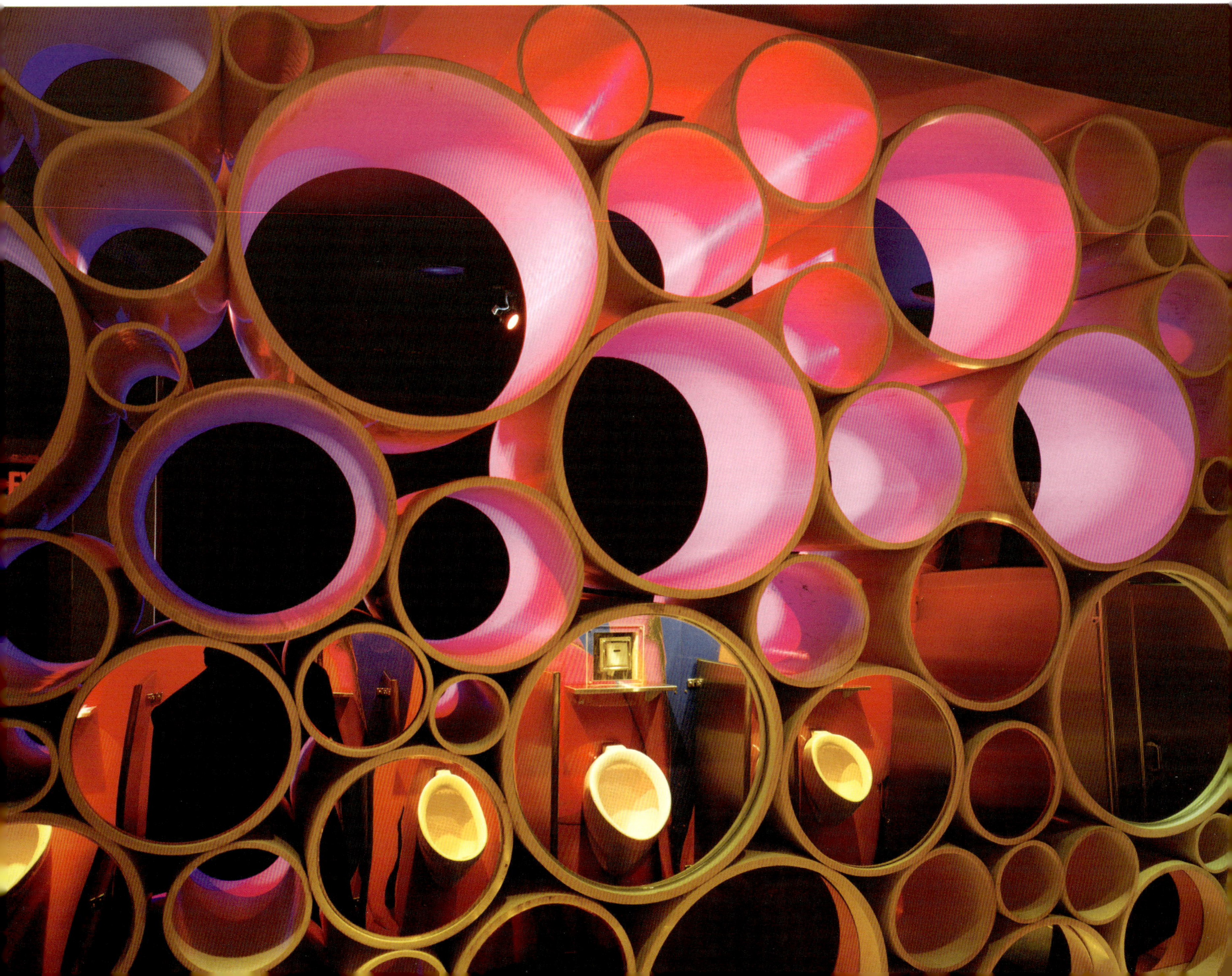

本页图

男士洗手间中使用从建筑公司购买的聚氯乙烯管。这些管子，价格低廉，在室内主要区域和洗手间之间形成一道屏障。

左页图

站在走廊处，透过这道聚氯乙烯管构成的墙，可以看到洗手间。墙上有些孔径被设计成具有折射的特点，从而保证一定程度的隐私。

ICRAVE的室内设计往往极富新颖、令人振奋。将观光者融入所营造的意境中。Crobar俱乐部位于曼哈顿的时尚地带切尔西。它被视为一个阐明独特设计理念以及提倡回归20世纪80年代高级俱乐部的例子。与Desgrippes Gobé Group公司设计的著名Avalon夜总会一道，将一种新型俱乐部形式引入纽约。早前纽约在前任市长鲁道夫·朱利安尼的严格管治下，许多俱乐部开业与倒闭似乎仅在一夜之间，其俱乐部行业的发展已经沉寂多年。

该俱乐部所在的位置，原来是一间类似工厂仓库的建筑物。约占一整个街区。设计这家俱乐部最初的理念是为了创造一个“既能供成年人玩乐的梦幻俱乐部场所，又可作为用来举办许多重要事件的理想场合，事件小至上新闻头版的DJ节目，大至时装秀表演或企业活动等”。

该俱乐部被设计成三个截然不同的区域（即主室、芦苇室和道具室，道具室专门作为贵宾房）融合了为不同顾客拟定的各种不同方案，并且三间都独具特色，给人以全新的体验。主室是整个俱乐部最活跃的中心区域，共能容纳1500个俱乐部会员。舞池则由带雕纹的拱围绕。这些雕纹拱还组成一间封闭式的包厢，一面可以进行影像放映的墙，一间DJ工作室及一个专门控制灯的区域，在它底下是千变万化的各种灯光效果。主室与芦苇室之间是一个隔绝“白噪音”的地道。在通往仅可容纳250人的酒吧前，可在这个地道稍作逗留。芦苇室则保留了这里原来建筑物的诸多特点。敞开式的炉箅天花板，裸露在外的砖砌结构，由黄色树脂做成的，内部被照亮的高耸“芦苇”支撑着。贵宾区被设计成类似阁楼，保留了原有仓库的木梁结构，给人以柔和和隐密之感。

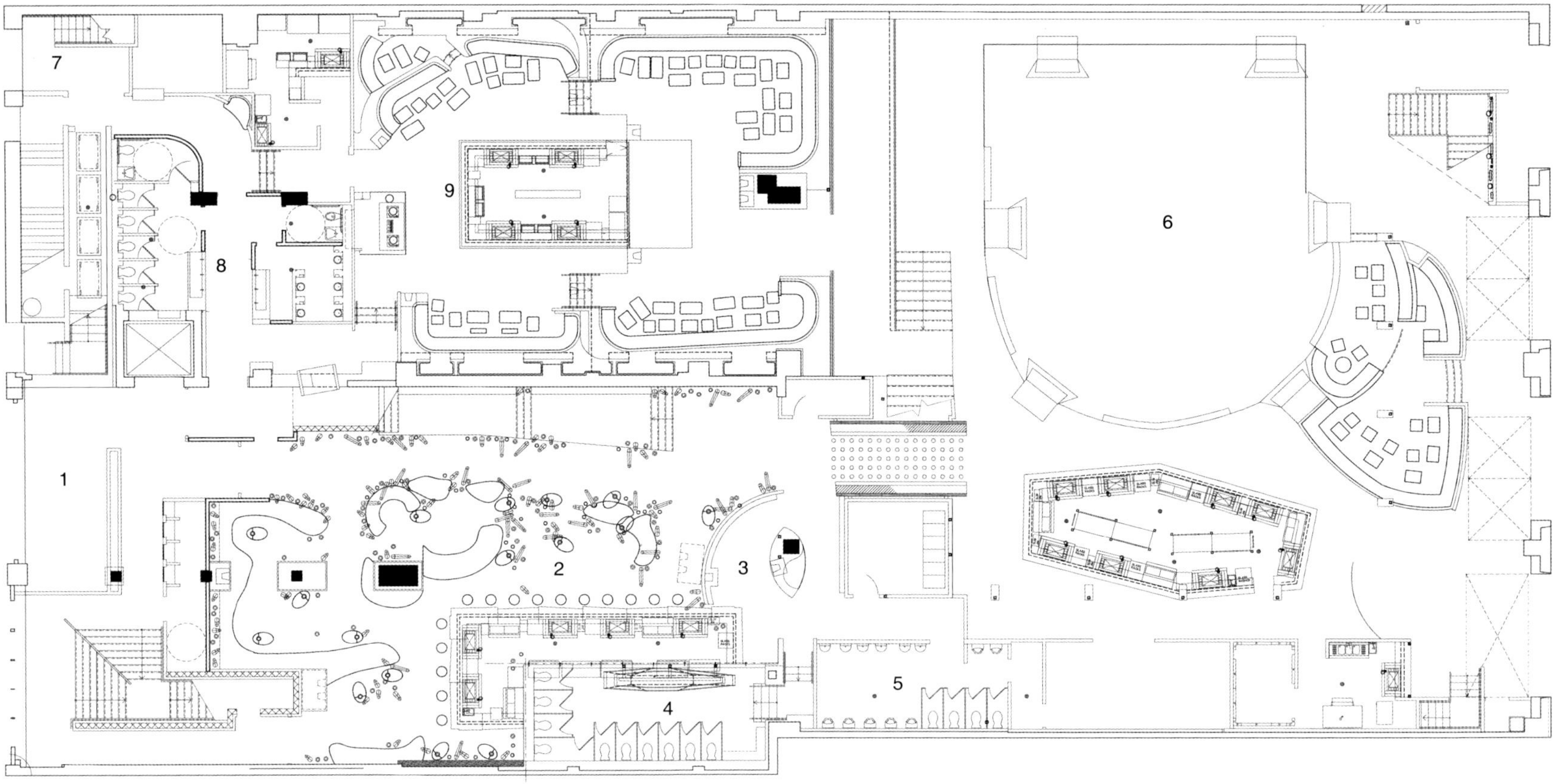

桶状的吊顶配以经过磨光的铜雕叶片，为原来的仓库氛围添一抹奢华艳丽的美。男、女洗手间被设计成同时具备三个区域的风格，并且预算有限。男士洗手间中使用的聚氯乙烯管，经一家建筑材料供应商购得。这些管子，价格低廉，在主室和洗手间之间形成一道巧妙的屏障。尽管有些管子里面是通畅的，但还有的要么被镜片填堵要么被贴满"时髦"的日本动漫图像，效仿"躲猫猫"的理念，给顾客保留一点隐私。装有小便器的墙上贴有由安迪·沃尔提出的，身着比基尼泳装的女人丝网印刷画像。这一做法是ICRAVE俱乐部效仿20世纪80年代的俱乐部布景。这些图案，被安置在一层玻璃底下，通过PVC管构成的墙，在走廊上就能欣赏到这些图案，因此，这些图案也起到装饰公共区域的作用。女士洗手间则位于一个平台上，从这里可以俯瞰位于芦苇室的吧台。和男士洗手间一样，女士洗手间也有一个有趣的地方，透过一道级联线圈金属做成的幕墙，可以看到女士化妆的场景，同时也能被她们看到。穿过一间位于主室和芦苇室之间的公共休息室，便可以进入男、女洗手间了。

设计师总结道："我们想将洗手间设计成俏皮又迷人的样子，让它成为整个俱乐部不可分割的一部分。"

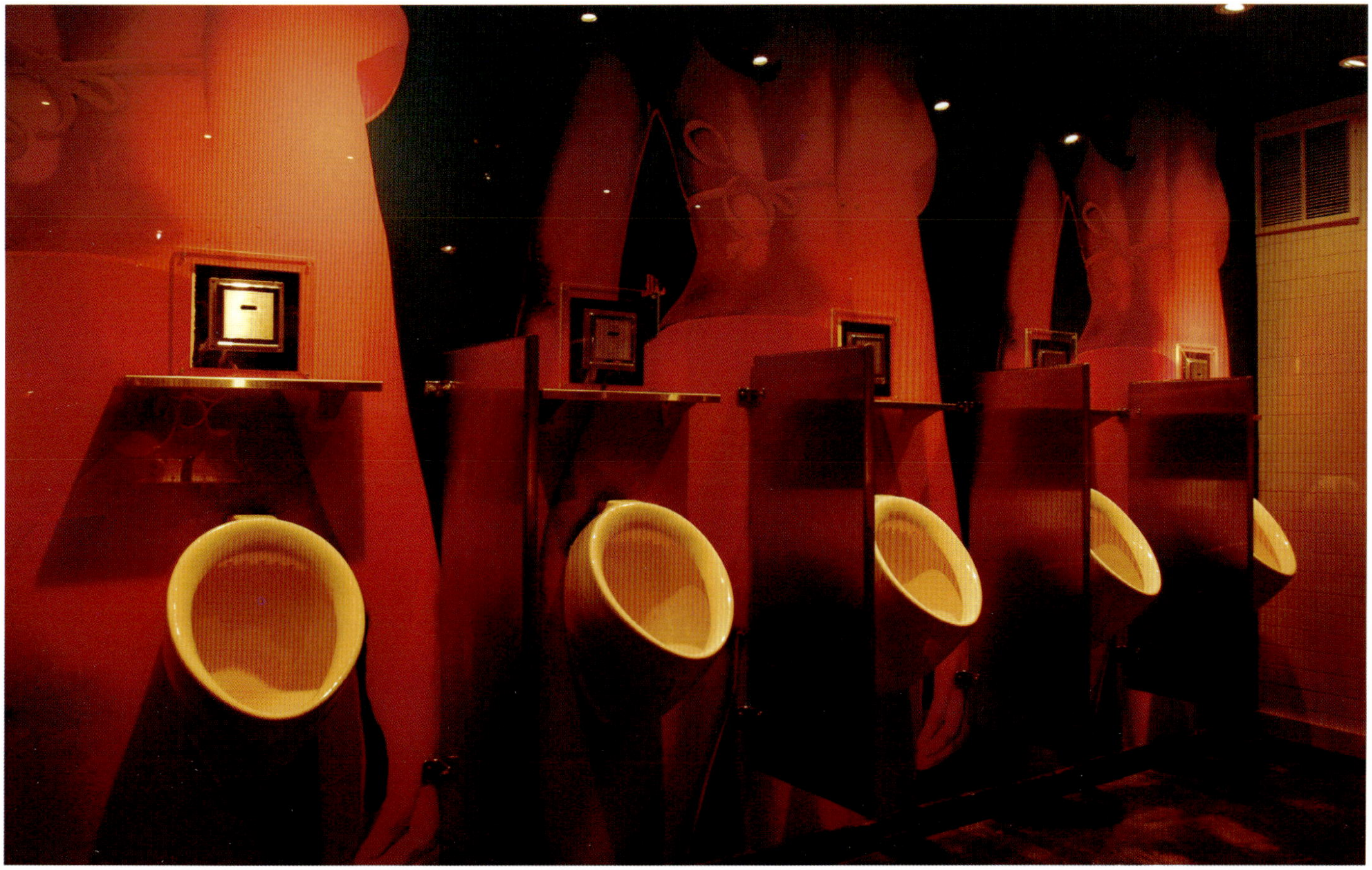

本页上图

女士洗手间位于一个平台上，从这里可以俯瞰位于芦苇室的吧台。透过一道级联线圈金属做成的幕墙，可以看到女士化妆的场景。

本页下图

装有小便器的墙上贴有身着比基尼泳装的女人丝网印刷像。这个点子源自安迪·沃尔的作品，是ICRAVE俱乐部效仿20世纪80年代的俱乐部布景。同样受到影响的还有Crobar俱乐部的设计。

左页图

从设计平面图可以看出，男、女洗手间皆离主室和芦苇室有一段距离，并与一个公共休息室相连。

1 主要入口
2 芦苇室
3 休息室
4 女士洗手间
5 男士洗手间
6 主室
7 贵宾入口
8 贵宾洗手间
9 贵宾休息室

Reina Bruja俱乐部
托马斯·艾莉雅
西班牙马德里

本页上图

舞池中央是一根Metacrilato圆柱，圆柱被后面一堵装有镜子的墙反射，显得无比高大。两旁的墙都装有小面镜子。给人以眼花缭乱的视觉效果。多达一千六百万的色彩组合的电脑控制灯，将整个舞池装饰得五彩缤纷。

本页下图与右页图

与俱乐部有机的过于修饰的室内装璜相比，洗手间则有一种棱角分明的严谨之美、外露的管道，不锈钢水槽和传统的陶瓷便池，给原本的仓库环境增色不少。

Reina Bruja 俱乐部的男、女洗手间隐蔽在一个后方的角落。除了便池的不同以及男士洗手间的面积较小外，设计布局上基本雷同。俱乐部和洗手间的设计关键在于对灯的装饰。千变万化、五颜六色、稍嫌夸张的灯光技术，使室内的气氛及室内整体外观不断发生变化。

托马斯·艾莉雅是西班牙主要先锋派代表人物之一。他设计的作品带有浓厚的传统民族特色。喜欢运用前卫时髦的材料，并习惯关注灯光的处理，他的作品充满生命力和大同思想。

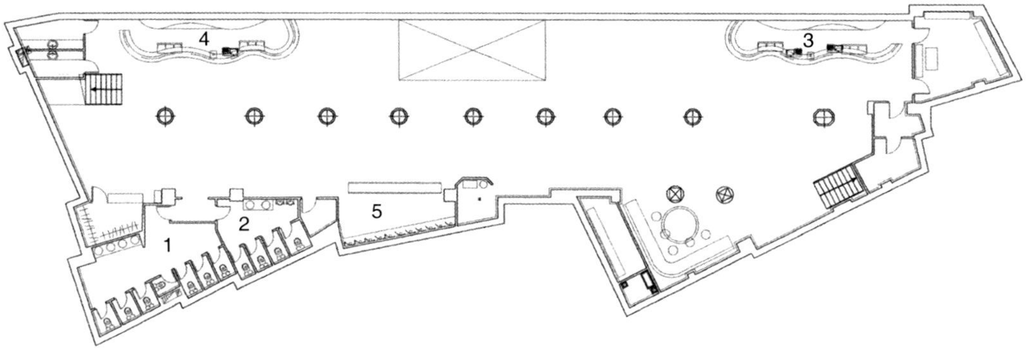

在设计Reina Bruja俱乐部室内时，他通过将灯光、颜色和曲面结合，改变室内空间形态，让人仿佛置身夜晚一样。多达一千六百万的色彩组合的灯光处理技术，便于俱乐部进行各种不同的活动。从跳舞到举办私人或企业团体活动。特别是举办企业团体活动，由电脑控制的电光系统可应举办人的需要调成令人舒适的颜色。另外，还能装饰俱乐部。譬如，采用这个公司团体一致要求采用的色调或主办人自己喜欢的颜色，同时也能装饰整个俱乐部。

该俱乐部位于卡亚俄，马德里时尚地带。俱乐部室内的设计充满未来主义色彩，吸引着那些追求时尚的顾客。室内灯光的设计，强调有机设计，曲线的使用显得尤为重要。托马斯·艾莉雅在设计家具和配件时，结合了灯光效果。从设有三角形的火箭头式吧台的大厅到具有吸色性的Corian白色前台，都运用了不同的几何形状。9根Metacrilato圆柱占据着舞池中央空间。每根圆柱上都有会变换色调的植物装饰。旁边是装有块状镜子的墙面。后方是一面放大镜。将空间放大成原来的两倍。给人以眼花缭乱的视觉冲击。

Alía认为洗手间是整体格局的延伸。他认为洗手间是"顾客之间可以相互融合的更为亲密的地点，是亲密的延伸"。然而，俱乐部狭长的空间，难以找到一处建造盥洗室的地点。

同时限制了只能沿着墙面设置成直线型的结构，与洗脸盆处相对。设备和配件也一切从简。所选择的传统的Keops陶瓷便池，最能展现已配灯光效果。不锈钢水槽和小便池的管道敞露，整体空间给人以工业美感。高度磨光的墙面将灯光效果展现得淋漓尽致。往往俱乐部室内设计风格突出，给人以美感，但洗手间区域常被Alía设计得较为严谨，不多加修饰。当然，最重要的元素依然是灯光。因为Reina Bruja室内的其他地方灯光颜色的不断变化给人以不同的感官体验的同时，也改变着这些不起眼地方。

本页上图与本页下图

图为在室内其他地方，灯光的颜色不断改变着这些不起眼的地方和氛围。

本页下图

几何式的灯光装饰将顾客吸引到俱乐部的后方和洗手间。

左页图

从设计图可以看出，洗手间隐蔽在俱乐部的后面。9根圆形柱子将舞池分隔开。隔开的小区域直达俱乐部的前面部分，这里有两个被设计成起伏状的Corian吧台随时为客人服务。

1 女士洗手间
2 男士洗手间
3 1号吧台
4 2号吧台
5 衣帽间

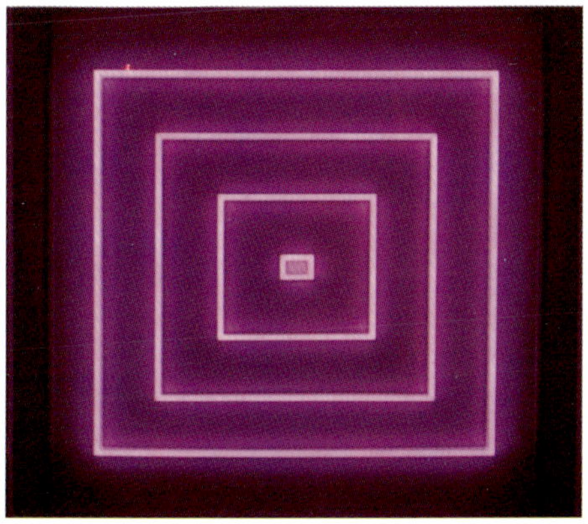

Eve俱乐部
大卫·希克斯
澳大利亚墨尔本

Eve俱乐部位于墨尔本市中心的繁华一角，每晚将近700名的客流量，绝大多数为女性顾客。

由于位处地下，因此绝少与外界有直接的接触。室内设计师大卫·希克斯就是恰恰巧用这一点，为顾客营造一个可以供他们任意想象的空间。他想要澳大利亚展现出一种不同于以往的风貌，并决定改走复古路线，令人回想起20世纪70年代末、80年代初的迪斯科舞厅。那时，夜晚能够痛痛快快地纵情欢乐，是一件令人向往的事。

沿着入口处的楼梯往下走，可以直达俱乐部的主要区域。由于该处与外界隔绝，因此置身于密闭的舞池中就好像身处在20世纪70年代的豪华游轮上，纽约市著名的54工作室里，又像是位于拉斯维加斯的豪华酒店内。舞池独特的设计，引领着顾客穿越时空，享受各种不同的体验。

由于垃圾排放点早在建筑施工前就已经设定在混凝土板里，因此洗手间的地点受到限制。

但这点后来却意外地成为优势。它决定了洗手间必须建在靠近俱乐部入口处的地方，这样一来，要从俱乐部的舞池和贵宾区进入洗手间，就只隔着一道边门，对顾客来说，非常方便。

洗手间独特的设计，与整体室内的设计理念不谋而合。男、女洗手间贴着许多带有双关语的图片，这些图片来自美国著名色情片导演鲁斯梅耶指导的电影。男女洗手间的设计几乎相同，不过女士洗手间相对会大些，内置有一张供化妆时使用的长椅。大卫·希克斯将洗手间设计成洞穴状，并用散发微光的黑色玻璃装饰室内。地板、墙面、长椅及天花板一律采用马赛克瓷砖铺成，像珠宝盒一样，闪闪发亮，形成一个有别于吧台的昏暗、易于聚焦的过渡地带。

本页图

洗手间被设计成几个洞穴式的区域，室内散发着微光。黑色的玻璃和铿亮的马赛克瓷砖，给人以珠宝般精光闪闪的美感。

左页上图

休息室整体复古典雅。采用昂贵的装饰材料及巴洛克式的室内用品。

左页下图

从休息室望去，俱乐部位处地下。因此，看不到外面的街道。建筑师恰恰由此获得灵感，为顾客营造出一个可以供他们任意想象的空间。因此，当置身于密闭的舞池中就好像身处在20世纪70年代的豪华游轮上，纽约市著名的54工作室里，又像是在拉斯维加斯的豪华酒店内。

室内参照著名设计师伊丽莎白·雅顿设计的红色的门，引入红色光点，与俱乐部内其他区域所采用的粉色调主题相符合。灯光在室内墙面上形成的反光效果，是构成室内设计重要的一环。将强光聚焦在镜子和洗脸池上（女士洗手间采用玻璃制成的玫瑰形墙灯；男士洗手间则采用光线较弱的聚光灯），而其他区域形成阴影地带，营造出一种类似剧院舞台又不失隐密的室内环境。洗手间的灯光设计显得优雅柔和，与其他区域采用的灯光强度相一致。而安装隐密的扩音器，又将音乐引入洗手间。使洗手间更显优雅浪漫。女士洗手间里，装有一面占据正面墙的化妆镜。

设计师大卫·希克斯总是力所能及，将洗手间设计成一个新颖独特，可供娱乐的场所。他强调须赋予顾客新鲜的体验和洗手间的作用。尽管选材的功能性、维修的方便和马桶冲水量小等因素也都纳入考虑，洗手间仍为Eve俱乐部的整体室内设计加分不少，吸引许多顾客前往。

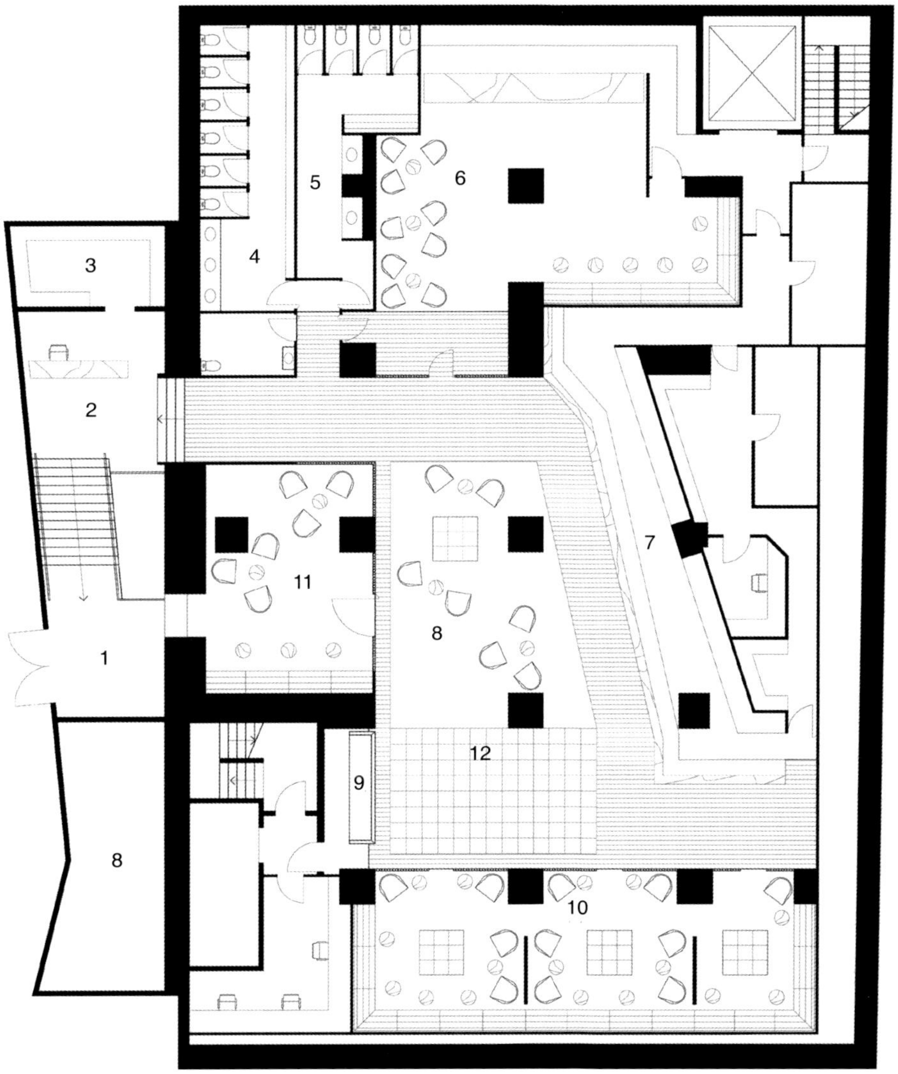

本页图

设计图上显示，沿着一楼入口处的楼梯往下走，洗手间就在楼梯旁。因此，从舞池到洗手间，非常方便。

1 入口处
2 前台接待处
3 衣帽间
4 女士洗手间
5 男士洗手间
6 龙吧台
7 主吧台
8 庭院区
9 DJ台
10 虎包厢
11 花园包厢
12 舞池

左页图

通往各个包厢的入口处用红色油漆粉刷。这一做法是模仿著名设计师伊丽莎白·雅顿设计的红色的门。

Sol&Sombra休闲俱乐部
托马斯·艾莉雅
西班牙马德里

设计师托马斯·艾莉雅的座右铭是："竭力让尽可能多的人领略美"。托马斯·艾莉雅向来以将传统的东西同现代的材料及灯光效果和谐地结合在一起而著称。他的最新设计作品Sol&Sombra休闲俱乐部位于马德里拉斯勒特拉斯地区，与首都最大的传统斗牛场相邻。

俱乐部室内设有氛围音乐的现场音乐吧，其中就包括托马斯·艾莉雅所说的"弗拉门戈风情"。这一点与他之前更为新潮的Reina Bruja俱乐部室内设计（见178页）相去甚远，但与此同时，该俱乐部仍沿用了不少时尚元素。艾莉雅的设计灵感启发于街道的布局，及大城市之间文化的融合。Sol&Sombra俱乐部将西班牙传统的斗牛文化精髓与现代新新人类对清新朝气和都市化的要求完美地结合起来。这一点体现于：设计师以最原始的方式展现斗牛的精髓，并重新赋予构成斗牛的一些环节——所谓的peineta西班牙发夹、加工皮革和骑在马背上的男子——以现代元素。

俱乐部的外观用黑色的木材构成，充满马德里老式酒馆的怀旧味道，并和室内宽敞明亮的氛围形成鲜明的对比，由于采用LED灯光控制系统，室内千变万化的灯光色调，使整个空间充满艺术感。室内将木材和皮革等传统材料，以及玻璃纤维，充满未来主义感的瓶架及立方体的灯光元件等现代元素结合起来，既复古又现代感十足。洗手间也延续着这种风格，位于一个狭窄的角落，与俱乐部的主要区域隔着一段距离。除了小便池有所不同外，男、女洗手间的设计基本相同。在整面镶满图案的墙前，是一个古雅的控制台，控制台上是充满流线型的洗脸池。刻有西班牙公牛廓影图像的背光屏幕，将洗手间与包厢隔开。室内的装备和配件一律采用流线型结构，与室内家具形成对比，充

本页图

洗手间位于一个狭窄的角落，与俱乐部的主要区域隔着一段距离。男、女洗手间内部，整面墙都用镶嵌图案装饰。墙的前方是充满现代感的流线型洗脸盆，与位于其下方古香古色的控制台形成强烈的对比。

右页图

在入口处与包厢之间，有许多用古代伊比利亚公牛图像缀饰而成的背光屏幕。

满现代感。设计师艾莉雅将这些家具形容成："它们看起来像是被从二战期间解救出来一般。"和俱乐部的其他区域一样，不断变化的灯光使洗手间室内的色调也发生相应的改变。

设计师托马斯·艾莉雅的室内作品总是充满诙谐色调。这一点在Sol&Sombra俱乐部体现得最为明显。赋予传统缺乏新意的西班牙斗牛和弗拉门戈活动以新的元素。艾莉雅偏好对洗手间进行设计，他将洗手间看做是一个可供顾客亲密融合并休闲娱乐的地方。为了不使洗手间与Sol&Sombra俱乐部的其他区域显得格格不入，他将作品背后的设计理念比作一张充满未来主义色彩的斗牛式海报；一个使人忘情陶醉，有着伊比利亚式的奢华幻境。

项目资料

WC1 (2006)
Architect/Designer The Marchhare
www.WC1.co.uk
Project team WC1, The Marchhare designers, Indigo Blue project management and build
Client WC1

Hasuikebori (2005)
Designer Akira Watanabe & Masahiro Ikeda
Client Imperial Household Agency, Department of Works

Aire de Merle and Grans and Saint-Martin-de-Crau motorway (1995)
Architect Beguin & Macchini
www.beguin-macchini.fr
Civil engineer/steel structure Caltec
Quantity surveyor Eric Loiseau
Civil engineer for concrete/plumbing Cert Angers
Main contractors BEC (for Grans and Saint Martin), Gardiol (for Aire du Merle)
Manufacturers Ferrari (pre-stressed fabric at Air du Merle), Villeroy and Boch (tiles), Bega (lighting), Presto (taps), Duravit (toilets and urinals)
Client A.S.F. (Autoroutes du Sud de la France)

Urilift and UriGienic (2002)
Designer Marco Schimmel
Manufacturer Urilift International BV
www.urilift.com

Multi-storey car park (2006) Architecture Comprehensive Design Architects
www.allerdale.gov.uk/toilets-art
Interior surface design Paul Scott and Robert Drake

City-Toilet 2=1 (2005)
Designer Wall AG in cooperation with GK Sekkei
www.wall.de

POINTWC (2006)
Designer Nina Virus, Studio5491
www.studio5491.com
www.pointwc.com
Manufacturers of washbasins, urinals, toilets Roca, Laufen
Client Eric Salles/LETS

Osaka Castle Park (2005)
Architect/Designer Shuhei Endo Architect Institute
www.paramodern.com
Project team Shuhei Endo Architect Institute
Client Osaka City Hall Department of Housing General Office

Museum of Applied Arts Café (2006)
Architect/Designer Eichinger oder Knechtl
www.eok.at
Client Betriebsgesellschaft österreicher im mak

'Belle et Fou' Theatre (2006)
Architect Meuser Architekten BDA
www.meuser-architekten.de
www.belle-et-fou.de
Project team Natascha Meuser, Miriam Lammel
Toilets, urinals Laufen
Flush Grohe DAL
Brushes Dornbracht
Washbasins, taps Toscoquattro
Towel dispenser Agape
Waste paper baskets, tissue holder, lotion dispenser Keuco
Client Spielbank Entertainment GmbH

Crèche (2004)
Architect RCR Aranda Pigem Vilalta Arquitectes
www.rcrarquitectes.es

Artoteek refurbishment (2005)
Architect NEXT Architects
www.nextarchitects.com
Project team Marijn Schenk with Ica van Tongeren
Tile design Ica van Tongeren
Client Michiel Morel, Artoteek

De Effenaar backstage restrooms (2005)
Designer Bob Copray & Anthony Kleinepier
www.bobcopray.nl
www.anthonykleinepier.nl
Main contractor interior Retera interiorworks
Client Effenaar

Office of the Children's Commissioner (2006)
Architect/Designer Feilden + Mawson
www.feildenandmawson.com
Main contractor BW Interiors
Flooring Armstrong
Lighting Modular Lighting Instruments
Taps, washbasins Duravit
Toilets Ideal Standard
Client The Office of the Children's Commissioner

Maag Recycling Factory (2006)
Architect Oos
www.oos.com
Project team Christoph Kellenberger, Andreas Derrer, Severin Boser, Lukas Bosshard, Benedict Ramser, Ana Lucia Widmer-Peniagua
Client Maag Recycling, Max Maag AG

Dr Finkelstein's Orthopaedic Practice (2005)
Architect Mateja Mikulandra-Mackat
www.mikulandra.de
Lighting concept Mateja Mikulandra-Mackat
Lighting construction firm eTs
Construction supervisor Jörn Grünert
Tiles Bisazza
Top wash-basin Alape
Toilet bowl Duravit
Fitting for wash-basin, paper roll rail, toilet brush Dornbracht
Soap dispenser Keuco
Client/Owner Dr. Matthias Finkelstein

Dental Clinic KU64 (2005)
Architect/Designer GRAFT (Lars Krückeberg, Wolfram Putz, Thomas Willemeit)
www.graftlab.com
Project architect Tobias Hein, Karsten Sell
Architects Sven Fuchs, Lennart Wiechell
Project team Björn Rolle, Markus Müller

CCA Graduate Center prefabricated restrooms (2004)
Architect Jensen & Macy Architects
www.jensen-macy.com

Geberit Headquarters (2005)
Designer/Architect Jérôme Gessaga & Christof Hindermann, designrichtung gmbh
www.designrichtung.ch
Graphic design Simon Burkhardt
Client Geberit AG

Hotel Puerta América (2006)
www.hotelpuertamerica.com
Design John Pawson, Ron Arad, Zaha Hadid, Sir Norman Foster, Plasma

Blue Heaven Radisson SAS Hotel (2005)
Architect/Designer Tihany Design
www.tihanydesign.com
Project team Adam D. Tihany (Principal), Carolyn Ament (Senior Designer), Peter K. Lu (Interior Designer), Andréa Riecken (Senior Designer and Project Manager), Francesca Caputo (Designer)
Operator Radisson SAS Hotels & Resorts
Executive chef Oliver Schakow
Architect of record John Seifert Architects
Kitchen consultant K3 planungsbüro
Lighting designer Isometrix Lighting + Design
Structural engineer Schüßler-Pla
MEP engineer Ingenieurbüro Walter Maier
Acoustical consultant ITA Ing.ges.f techn Akustik mbH
General contractor Reuter Innenausbau GmbH & Co. KG
Millwork Reuter Innenausbau GmbH & Co. KG
Glasswork Reuter Innenausbau GmbH & Co. KG
Decorative lighting MoreLight
Brasserie decorative lighting Zonca SpA
Restaurant rose chandeliers Moss
Carpets Motta Moquettes
Custom furniture Colber srl (bar and dining chairs, bar stools), Rupert App GmbH+Co (wine display and stair), Otto Valenta (restaurant metal buffet)
Sink Axolo s.r.l.
Stalls partition Schaefer Trennwandsysteme GmbH
Fittings Stangls
Client Radisson SAS Hotels & Resorts

Sofitel (2005)
Designer Perron
www.perron.com
Photography Sheena Haywood
Client Sofitel Queenstown

Hotel Duomo (2006)
Architect Ron Arad Associates
www.ronarad.com
Project team Ron Arad, Julian Gilhespie, Geoff Crowther, James Foster, Asa Bruno & Taishi Kanemura
Executive architects Pierandrei Associati
Lighting consultant David Atkinson Lighting design (DALD)
M & E engineers Andrea Raggini, Studio Elettoprogetti
Structural engineer Milco Fregnan
Client Pierpaolo Bernardi

Lloyd Hotel (2003)
Architect/Designer MVRDV in collaboration with Christian Seyforth and Atelier van Lieshout
www.lloydhotel.com
www.mvrdv.nl
www.ateliervanlieshout.com

Club Privé at the Ballagio Hotel (2005)
Architect/Designer Tihany Design
www.tihanydesign.com
Project team Adam D. Tihany (Principal), Nikola Gradinski (Project Manager and Designer), Mavette Maton (Designer), Peter K. Lu (Interior Designer)
Operator NYLC LLC
Architect of record HLW
Lighting designer Ann Kale
Structural engineer Lochsa
MEP engineer & Kurtz

General contractor Penta Group
Millwork Quality Cabinet
Decorative lighting Baldinger
Architectural Lighting
Stone Coverings etc.
Carpet Sacco Carpet
Custom furniture Vaughn Benz
Brand for faucets Vola
Brand for toilets Toto
Client Bellagio

Ono at the Gansevort Hotel (2004)
Architect/Designer Jeffrey Beers
www.jeffreybeers.com

Mix at THEhotel (2004)
www.thehotelatmandalaybay.com
Interior design Patrick Jouin
www.patrickjouin.com
Interior design project team Patrick Jouin & Director Sanjit Manku with Marie Deroudilhe (Project Architect) and Claudia Del Bubba (Senior Interior Designer)
Architecture firm Klai Juba Architects
Project architect Robert White
Owner Mandalay Development
Sound design Savi
Custom millwork Mueller Custom Cabinetry
Lighting L'Observatoire International
MEP engineering JBA Consulting Engineers
Structural engineering Lochsa Engeneering
Graphics Philippe David
General contractor Mandalay Development
Client rep 1027 Design Management

Bon Moscow (2006)
Design Philippe Starck
www.philippe-starck.com

Nobu Berkeley ST (2005)
Design David Collins Studio
www.davidcollins.com
Client Como Holdings

Morimoto (2006)
Architecture Tadao Ando Architects and Associates
Design team Tadao Ando, Masataka Yano, Stephanie Goto Design Group, Stephanie Goto, Principal, Ross Lovegrove Furniture Design
Main contractor Certified of NY
Project manager Gardiner and Theobald
PR firm Full Picture (lifestyle) / Baltz and Co. (food)
Lighting consultant Isometrix
Graphic designer Patricia Spencer
M&E engineer Thomas Polise Consulting Engineers
Structural engineer Leslie E Robertson and Associates
Bottle wall consultant FRONT
Ceiling feature contractor Showmotion Inc.
Facade fabricator Zahner
Special feature consultant Takeshi Miyakawa
Concrete consultant Reginald Hough
Geotechnical engineer Langan
Furniture Poltrona Frau
Owner Starr Restaurant Organization, Stephen Starr
Manufacturers Showmotion, Inc (ceiling), Bam Bam Designs (bathroom partitions), Electrix (bottle wall feature), Takeshi Miyakawa (bottle wall bar), Kohler (sinks in bathrooms), Duravit and Toto Neorest (toilets), Vola (faucets)
Cabinetwork and custom woodwork Erik Cabinets

'P' Food and Wine (2006)
Architect Simone Micheli
www.simonemicheli.com
Client Region of Piedmont

Four Food Studio (2005)
Architect/Designer Karim Rashid
www.karimrashid.com
www.fourfoodstudio.com
Project team Karim Rashid, Camila Tariki, Dennis Askins
Main contractor Rosner Construction
Flooring manufacturer Plyboo Wood Floor, Durite Terrazzo, Durkan Custom Carpet, Vidrepur Glass Mosaics
Other manufacturers Dornbracht (tap), Vitraform (washbasin), Porcher (urinal and toilet), Black Glass by Curvet (stall)
Client 515 Restaurant Group

Le Cirque (2006)
Architect/Designer Tihany Design
www.tihanydesign.com
Project team Adam D. Tihany (Principal), Rachel Cunha (Project Manager), Amrei Schmidt-Fumian (Senior Designer), Mavette Maton (Designer), Peter K. Lu (Interior Designer)
Operator NYLC LLC
Executive chef Pierre Schaedelin
Architect of record Costas Kondylis & Partners
Kitchen consultant Cini-Little International, Inc
Lighting designer Focus Lighting, Inc
Structural engineer WSP Cantor Seinuk Group Inc.
MEP engineer Jaros Baum & Bolles Consulting Engineers
Acoustical consultant Cerami & Associates Inc.
General contractor Structure Tone, Inc.
Millwork Peterson Geller Spurge, Inc.
Glasswork A-Val Architectural Metal Corp.
Decorative lighting Baldinger Architectural Lighting
Stone and tile Interior Design Flooring Corporation
Carpet Sacco Carpet
Wire sculpture Tim Flynn
Custom wallpaper DesignTex , BMG Imaging
Custom Furniture Colber srl
Graphic designer Mirko Ilic Corp. (New York, NY)
Client Sirio Maccioni, Le Cirque Owners
Rep Jim Finnerty Consulting, Inc

Two and a Half Lemon (2006)
Architect/Designer Chris Briffa Architects
www.chrisbriffa.com
Project team Chris Briffa, Jennifer Barth, Simon Brugaletta (Architects), Jon and Sandra Batnthorpe (Installation Artists)
Contractor and consultants Stanley Falzon, Alan Debattista
Client Davide Cachia

Two Twenty Two (2006)
Architect/Designer Chris Briffa Architects
www.chrisbriffa.com
Project team Chris Briffa, Jennifer Barth, Darren Cortis, Laurence Briffa, Bernard Vella
Contractor and consultants Attard Bros. (civil works), SAW ltd. (carpentry), J Lautier (glass & steel)
Client Desmond Vella

Nobu Fifty Seven (2005)
Architect/Designer David Rockwell
www.rockwellgroup.com
Main contractor Shawmut Design
Flooring in the restrooms Stone Source

Posto (2003)
Architect/Designer UdA
www.uda.it
Project team Andrea Marcante, Massimiliano Comoletto, Valter Camagna
Co-workers Guya Chatrian, Luca Talarico
Structural project Ing. Treves
Electrical system project Ditta Alfa Engineering
Furnishings F.lli Groppo
Iron items Ditta Pedro
Glass items Cristal King
Electrical system Ditta Tarditi
Plumbing/air conditioning system B & M. Impianti
Construction company Impresa Recanzonc

The Commune (2003)
Architect Leigh & Orange Ltd
www.leighorange.com
Project team Hugh Zimmern, Ricky Hung
Main contractor Dibang Interior Architect Const Ltd
Consultants PBA, Pacific Lighting Ltd.
Copper basins manufacturer LAEC Construction Ltd
Client Soho China Ltd.

The Press Room (2006)
Architect Leigh & Orange Ltd
www.leighorange.com
Project team Hugh Zimmern, Teresa Tang, Alice Leung
Main contractor Ocean Contracting Ltd.
Consultants Sunland AL (Int'l) Co. Ltd, Pacific Lighting (HK) Ltd
Decorative lights manufacturer Ricardo Lighting Ltd.
Plastic laminate manufacturer Formica
Urinal + basin manufacturer Tangshan Huida Ceramic Co Ltd.

Client AAP Investment Ltd.

Embryo (2006)
Designer Square One
www.squareone.ro

Chinawhite VIP area (2006)
Architect/Designer Satmoko Ball Ltd.
www.chinawhite.com
Main contractor Rhema Building Services Ltd.
Manufacturer of flooring Burlington Slate
Taps Sheardown
Washbasin William Garvey
Client Chinawhite

Volstead (2006)
Architect/Designer Satmoko Ball Ltd.
www.volstead.com
Main contractor Dales Contract Ltd
Manufacturers of flooring Rocco Stone, Victorian Woodworks
Wall tiles Reed Harris
Lighting Davey Lighting, Tobias Grau
Taps, wash basin, toilets Lefroy Brookes
Urinals Twyford Slab Urinal
Accessories Samuel Heath
Client Ignite Group

CocoonClub (2004)
Architect/Designer 3deluxe
www.3deluxe.de
Tiles Mosa
Floor Rockies
Faucets Hansa
Towel dispenser, waste paper bin Wagner Ewar
Washbasins, urinals Keramag

Crobar (2003)
Designer ICRAVE in collaboration with Bigtime Design
www.icravedesign.com
Project team Lionel Ohayon, Siobhan Barry, Tonya Rife, Shawn Hope (ICRAVE), Callin Fortis (Bigtime Design)
Faucet Sloan
Sink Whitehaus
Urinal Toto
Contractor Bond & Walsh
Lighting designer Focus Lighting
Client Crobar Worldwide

Reina Bruja (2006)
Designer/Architect Tomás Alía
www.tomasalia.com

Eve (2006)
Designer/Architect David Hicks
www.davidhicks.com.au
Manufacturers Bisazza Tiles (flooring), Megalit, Axolight (lighting), Architectural Hardware (taps), Caroma , Britex (washbasin, urinals, toilet), Britex (accessories)
Client Dorsia

Sol & Sombra (2006)
Designer/Architect Tomás Alía
www.tomasalia.com

索 引

出版商致谢

出版商非常感谢以下图片提供者允许此书中出现其图片：

Tomás Alía (178–81, 186–7); Amiaga Photography (130–1); Patricia Bailer (112–15); Paul Beaudoin (59, 61); © Bettmann/CORBIS (7 bottom middle); BFI (11 top middle right); Tom Bisig, Basel (42–3, 78–81); John Chapple/Contributor © Getty Images (9 middle left); Stephen Chernin/Stringer © Getty Images (9 top right); Copyright the Artist; courtesy Sadie Coles HQ, London (11 bottom middle left); © Mat Collishaw (11 top left); Thomas Duval (109); Stephen Elvidge (9 top left); © Alberto Ferrero (82–3, 96–7, 148–51); Fox/Photofest (9 middle right); redrawn by Gregory Gibbon (7 bottom left); Gladstone Pottery Museum, Stoke-on-Trent (7 middle left); © Martin Godwin 2006 (9 bottom right); Caroline Greville-Morris/Redferns Music Picture Library (11 bottom right); Hiepler Brunier Architekturfotografie (74–5); © Allard van der Hoek (98–100); © Werner Huthmacher (48–51, 70–1, 73 left); Nicu Ilfoveanu (158–61); Jensen & Macy Architects (76–7); © J.R. Krauza (175, 177); Eric Laignel (108); Roger Lee (28–31); Michiel van Lierop (58, 60); © Atelier van Lieshout (101); © Fredrika Lökholm & Martin Slivka (62–5, 104–7, 110–11, 120–3, 132–5, 144–7, 156–7, 162–5, 166 bottom, 167–8); Maurizio Marcato (124, 126–7); Andrea Martiradonna (88–91, 102–3); Mary Evans Picture Library (7 top, middle and bottom right); Yoshiharu Matsumura (12–13, 38–41); Trevor Mein (182–4); © Christian Michel (24); © Christian Michel/VIEW (22, 25); M. Mikulandra-M (72, 73); NEXT architects/Ica van Tongeren (56–7); John Nye (152–5); © Frank Oudeman (174); © Anne-Françoise Pelissier (34–7); Perron (92–3); © 2005. The Philadelphia Museum of Art/Art Resource/Scala, Florence and © Succession Marcel Duchamp/ADAGP, Paris and DACS, London 2007 (11 top right); David Pisani (136–43); Polygram/Photofest (11 bottom middle right); © Eugeni Pons (52–5); Emanuel Raab for 3deluxe (170–3); S.M.A.H. (125); © Shinkenchiku-sha (18–21); Kolin Smith (129); © Rupert Steiner (44–7); Simon Tegala (94–5); Troika Photos (9 bottom left); Universal/Photofest (11 bottom left); Simon Upton (116–19); Urilift International BV (26–7); © Vanni Archive/CORBIS (7 top left); © Rafael Vargas (84–7); Wall AG (32–3); WC1 (14–17); © Dominique Marc Wehrli (www.wehrlimueller.ch) (66–8); © Mark Whitfield (166 top).

作者致谢

谨于此感谢著书以来所有帮助过我的人。其中包括参与设计洗手间的建筑师与设计师，提供许多优秀作品的摄影师，以及我的亲朋好友，在我三句不离各种关于洗手间话题的著述期间，感谢你们对我的理解与包容。

我还非常感谢Laurence King出版社佐伊·安东尼奥编辑的协助与建言，金·辛克莱尔驾轻就熟的书刊制作以及劳拉·威利斯专业卓越的销售与推广技能。

此外，我也十分感谢那些在公司以外辛勤耕耘的所有工作人员。感谢负责编辑的妮可拉·荷马，和负责校稿的金·查理森。另外，我还要特别感谢约翰·让，是他让这本书看起来精巧美观，并且从未有过任何怨言。我还感谢在著书过程中与我一同进行调查研究的弗瑞德莉卡·罗可霍姆，感谢她的耐心与敬业。最后，我要感谢在伦敦和纽约同时拍摄许多优秀图片的弗瑞德莉卡与马丁·斯利弗卡。

我对各位的感激之情，无以言表！